青少年科技创新丛书

U0662377

口袋中的实验室

——基于Mind+编程与实验设计

李金栋　主编

清华大学出版社

北京

内 容 简 介

　　本书是一本实验设计教材，编者通过使用传感器及图形化编程完成学科中的实验设计，改变了传统实验中固化的实验方式，让学生体验科学发现的过程，而不仅仅是对最后正确结果的验证；通过人工智能技术的应用，使学生可以在任何时间、任何地点都能随时对有兴趣的内容进行学习和创新活动，从而形成一个课内外一体化的自主学习实践平台。本书资源包请扫描前言二维码下载。

　　本书面向中小学理、化、生学科教师以及爱好科技创新的学生，可作为各级教师的培训教材。

图书在版编目（CIP）数据

　口袋中的实验室：基于 Mind＋编程与实验设计/李金栋主编. -- 北京：清华大学出版社，2025.2. --（青少年科技创新丛书）. -- ISBN 978-7-302-68449-7

　Ⅰ. TP18-49

　中国国家版本馆 CIP 数据核字第 2025V40R14 号

责任编辑：张　弛
封面设计：刘　键
责任校对：袁　芳
责任印制：曹婉颖

出版发行：清华大学出版社
　　　网　　　址：https://www.tup.com.cn，https://www.wqxuetang.com
　　　地　　　址：北京清华大学学研大厦 A 座　　　　邮　　　编：100084
　　　社　总　机：010-83470000　　　　　　　　　邮　　　购：010-62786544
　　　投稿与读者服务：010-62776969，c-service@tup.tsinghua.edu.cn
　　　质量反馈：010-62772015，zhiliang@tup.tsinghua.edu.cn
印　装　者：三河市君旺印务有限公司
经　　　销：全国新华书店
开　　　本：185mm×260mm　　　　印　　　张：12.25　　　　字　　　数：306 千字
版　　　次：2025 年 4 月第 1 版　　　　　　　　　　　　　印　　　次：2025 年 4 月第 1 次印刷
定　　　价：63.00 元

产品编号：109046-01

丛书编写委员会

本书编写委员会

主　编：李金栋（北京市第十八中学）

副主编：王　玲（北京市第十八中学）

　　　　潘香君（江苏省常州市武进区星河实验小学）

　　　　李春盛（南开大学附属中学津南学校）

　　　　谭开科（云南省镇雄县芒部中学）

　　　　陈　刚（宁夏灵武市第二中学）

　　　　潘　峰（青海省囊谦县第二完全小学）

　　　　陆文喜（北京市第十八中学）

编　委：

山东省聊城第三中学　王永辉　张广新

鞍山市高新区实验学校　全　发　冯艳丽

海南华侨中学　吴撼宇

云南省镇雄县芒部中学　龚　俊

湖南省郴州市第六中学　赵　宇

南开大学附属中学津南学校　崔　浩

安徽省全椒县江海小学　钟宝松　曹　娟　张　玲

重庆市巴南区融汇小学校　衡永芹

吉林市船营区第一小学校　许敬华

贵州省贵阳市第一实验中学　王光志　李秀华

甘肃省兰州市第三十三中学　江铁炜

山西省怀仁市第三小学　林晓东

三门峡市外国语小学　杨　勇

宁夏灵武市第二中学　张珍珍

北京市丰台区教委创新人才发展中心　孙　震　王　涵　张　晨

传统的课堂实验是由学生按照规定的实验步骤进行的,从组装器材、记录数据到以此验证科学的结论。但是这种方式仅仅是科学发现过程的一小部分,只是重复前人设计好的程序。按照这种方式培养的学生在实验中获得动手操作的技能与严谨的科学思考,能否让学生借助更具创新实验的方式来获得所需的知识,是所有实验课程设计的目的和基础,通过动手进行知识的探索才是学习过程的本质。在传统的实验课程中,程序化的操作过程无法为学生提供更多探索的方式,这影响了学生实验能力的发展。

人工智能技术为我们提供了走出困境的方案,20年前,当机器人进入学校时,国内外很多教师都在考虑如何将这一技术应用于学科的实验中,并且进行了很多有益的探索。乐高教育曾委托我以及我的团队对他们开发的科学模块进行审核,这一模块的开发与我的主张和想法相一致,将机器人技术、人工智能技术应用于学科教学中不仅可以使传统教学的方式得到改变,而且会带来教学内容的变化。让学生自己动手设计实验,可以使学生的潜能在这一过程中得以展示和发展,我们为此进行了多年的探索。

让教师和学生学会设计实验并具有动手操作的能力是本书的目标。编者不希望本书为各学科现有实验教学提供一个替代方案,我们主张授人以鱼不如授人以渔,提供人工智能替代传统实验的现成方案不能从本质上带来创新的动力,只有让教师和学生了解如何分析问题、如何解决问题,才会带来教育的改变。

人工智能技术与机器人技术在学生的创新活动中得到了广泛的应用,这也是我们这一项目所具有的广泛基础。但是与创新活动不同,科学实验是根据一定目的,运用一定的仪器、设备等物质手段,在人工控制的条件下观察、研究自然现象及其规律性的社会实践形式,是获取经验事实、检验科学假说和理论真理性的重要途径。科学实验具有不同于学生创新活动的特点,将创新活动引向科学实验,可以极大地提升学生的科学素养和能力。

本书在写作过程中得到了 DFROBOT 的大力支持,在此向 DFROBOT 表示衷心的感谢。由于本人水平有限,书中难免存在疏漏之处,还请读者和同行不吝指正。

编 者

2025 年 1 月

资源包

在树莓派部署自启动 SIoT1.3

SIoT 物联网应用与数据处理

目 录

第1章

Mind+软件介绍

Mind+是一款类似 Scratch 的编程软件,不仅可以通过 Python/C/C++等编程语言编写程序进行动画制作,而且集成了各种主流的开源硬件,支持人工智能(AI)与物联网(IoT)功能,是一款应用范围广泛、可以满足多种需求、适合不同年龄学生进行实验制作和创新的编程工具。

1.1 编程模式

目前有两种主要的编程方式:一种方式是在计算机上安装编程应用软件,只要运行编程软件就可以编写程序;另一种方式是在线编程,在计算机中无须安装软件,只要可以上网,登录某一网址就可以编写程序。在不同的条件下可以有不同的选择。Mind+编程同样具有这样两种编程方式可供选择,可以登录 http://mindplus.cc/网站选择在线编程的方式或下载软件进行安装,如图 1-1 所示。

图 1-1　选择在线编程或下载软件进行安装

本书为统一起见,选择下载软件,这样可以在大多数情况下不受网络的限制,来完成各种实验的效果。

针对编程目标与运行环境的差异,Mind+目前版本有 3 种编程模式,分别是"实时模式""上传模式"和"Python 模式",可以在软件界面右上角进行选择,如图 1-2 所示。

图 1-2　选择不同的模式

1. 实时模式

实时模式用于人机交互项目的开发制作,实现用户的交互体验或角色故事的展现。较之传统的动画效果不同,实时模式中学生可以通过键盘、鼠标以及电子产品参与其中的角色活动,使其中的故事情节具有可选择性和开放性,增加了角色的智能化和人机交互的效果。

实时模式界面分成 4 个主要区域,分别为积木区、脚本区、舞台区、角色与背景区,如图 1-3 所示。

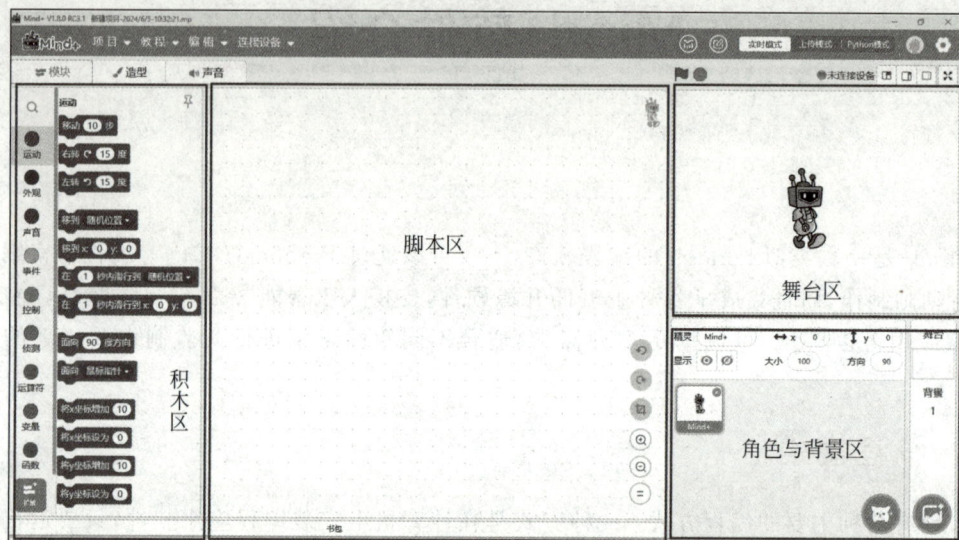

图 1-3　实时模式

(1) 积木区。积木区包含所有基础功能积木,这些积木模块即编程中所用的程序指令,并可以通过扩展功能增加更多的模块指令。不同功能的模块具有不同的颜色,将模块从左边积木区拖至脚本区即可实现编程,可以对不同角色分开编程,各角色之间通过广播通信进行指令的传递,同时支持多线程的编写。将模块拖回积木区即可删除程序。

(2) 脚本区用于运行积木区程序。

图 1-4　舞台模式

(3) 舞台区。舞台区坐标位于中心原点。在舞台的上方有舞台模式的选项,可以在此选择不同的舞台模式,以方便编程或观察程序运行效果,如图 1-4 所示。

(4) 角色与背景区。可以在这一区域添加或删除角色以及选择、编辑角色和舞台背景。

2. 上传模式

上传模式是指与硬件连接的情况下,使用图形化编程或代码编程并将程序烧录到智能产品中的编程方式,这一模式可以获得丰富的电子模块支持。在下载程序后,智能产品可以脱离计算机独立运行程序,在串口连接的情况下,还可以通过串口区获得数据,显示程序运行的状态。这也是本书中作为实验数据的一种获取方式。

可以通过拖动鼠标的方式设置各区域的大小,以方便程序的编写,上传模式如图 1-5 所示。

3. Python 模式

Python 模式可直接运行所有 Python 功能。提供代码和模块两种模式,如图 1-6 和图 1-7 所示,选择不同模式可以满足不同读者的需求。

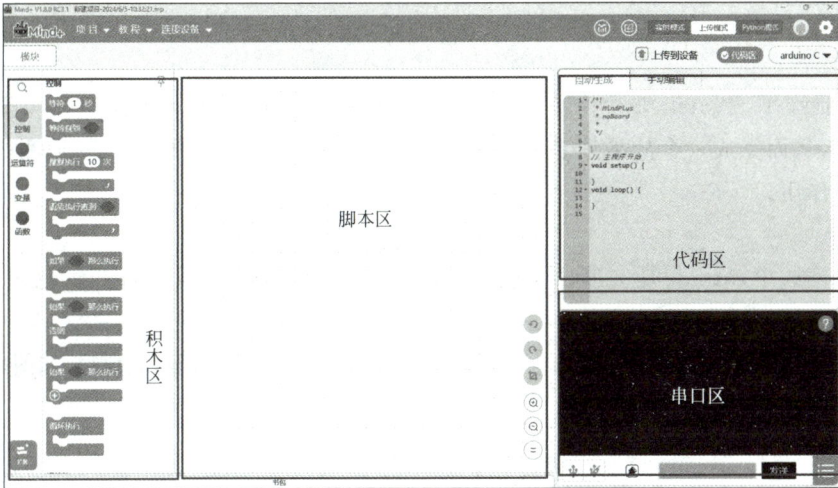

图 1-5 显示代码和串口数据

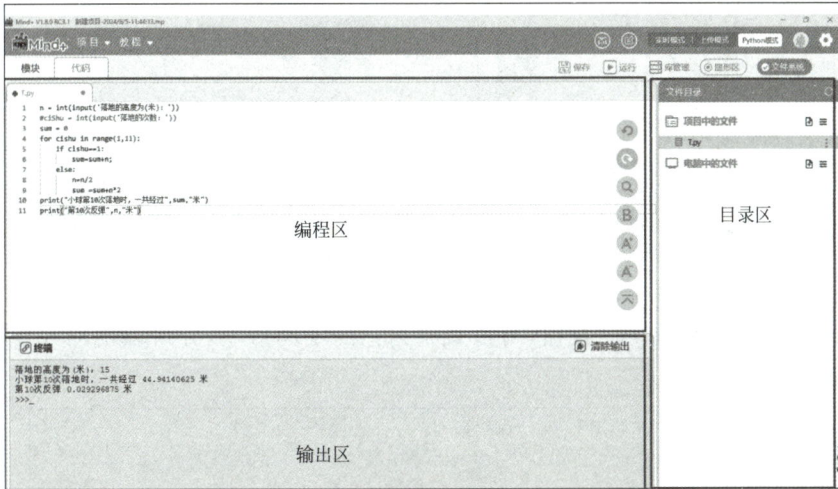

图 1-6 代码模式

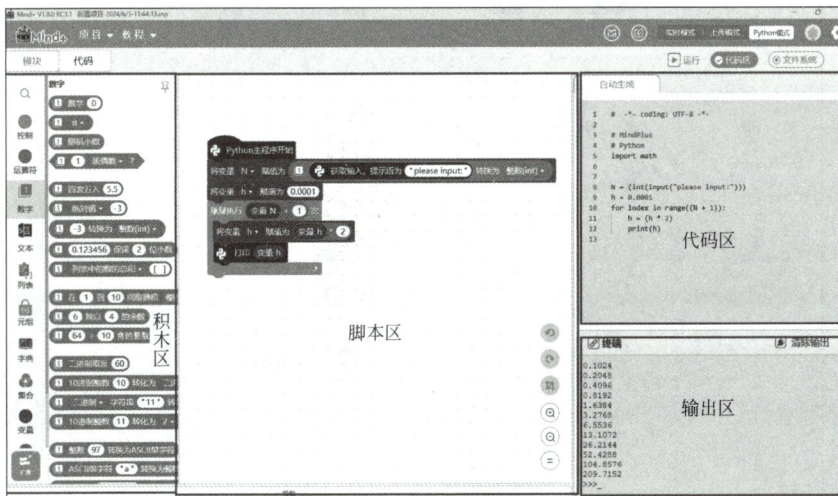

图 1-7 模块模式

1.2 角色、背景和声音

Mind+延续了Scratch编程传统,创建了舞台和角色,可以通过对不同角色和舞台背景分别进行编程,从而完成一个故事情节的展示。各不同角色之间可以通过广播、侦测等方式进行通信和相互作用。

1. 角色

在实时模式中,Mind+是一默认角色,如果希望增加新的角色,可以打开角色库进行选择,如图1-8所示。

从角色库中选择角色Batter,界面会自动返回,这时角色区就会出现新的角色,如图1-9所示。

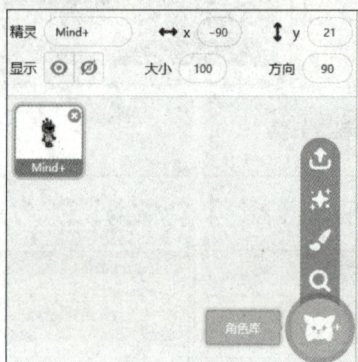

图 1-8　打开角色库

图 1-9　角色区出现新的角色

在角色区也可以删除不需要的角色。

选中某一角色,单击"造型"按钮,可以观察角色的不同造型,并可以增加或修改造型,如图1-10所示。

图 1-10　增加或修改造型

2. 背景

同样,在舞台区单击"背景"库可以选择舞台背景,如图 1-11 和图 1-12 所示。

图 1-11　选择舞台背景

图 1-12　"背景"库

选择背景后,会自动返回编程界面,这时已经可以看到舞台背景发生了变化。

选择舞台区,单击"背景"按钮可以查看所有背景,也可以在此对故事背景进行编辑,如图 1-13 所示。

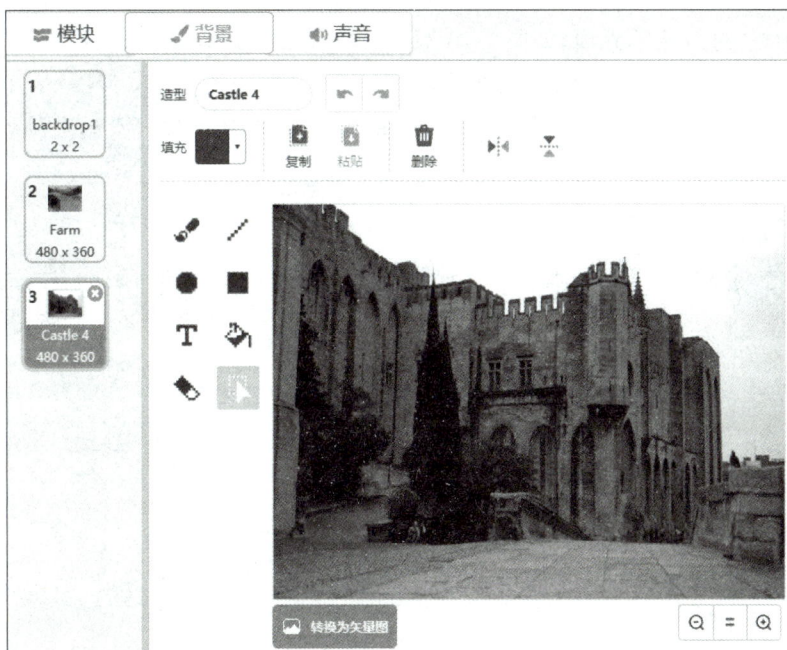

图 1-13　编辑背景

3. 声音

无论是角色还是舞台背景都可以配以声音,每一角色或背景可以对应多个声音文件在编程过程以供选择。既可以使用角色和背景自带的声音效果,也可以自己录制声音文件。选择某一角色,单击"声音"按钮,可以选择声音也可以录制声音,如图 1-14 和图 1-15 所示。

图 1-14　选择声音

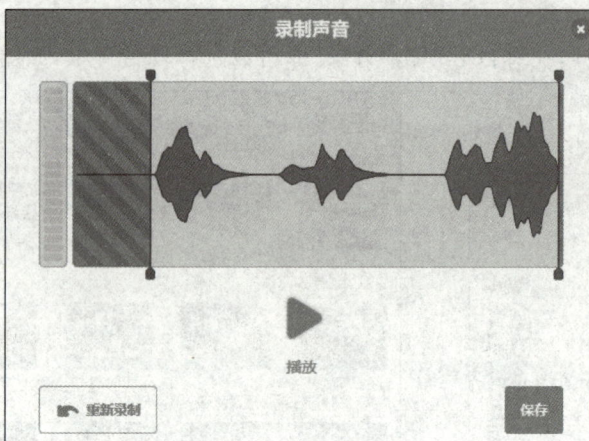

图 1-15　录制声音

1.3　扩展模块

启动 Mind+ 软件,在积木区并没有关于硬件的控制模块,因此需要通过扩展的方式引入所需的硬件模块。

1. 选择开发板

单击 图标,进入选项界面,如图 1-16 所示。可以在此选择开发板、传感器、扩展板等内容,此处选择 Micro:bit 后,返回原编程界面。

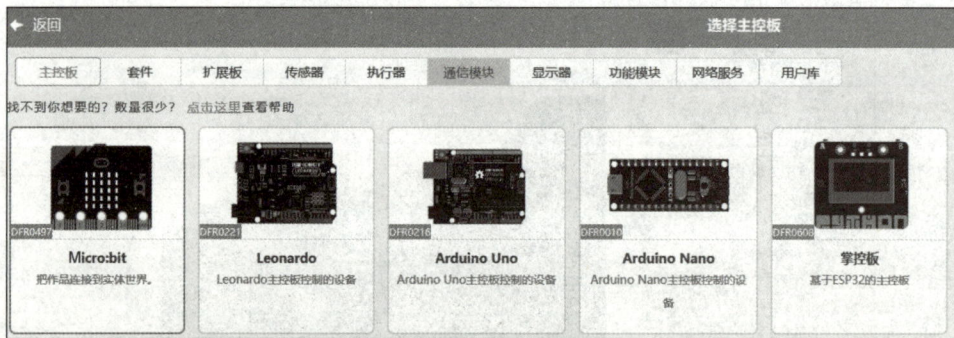

图 1-16　选择 Micro:bit

这时可以在积木区下方看到增加了 Micro:bit 模块,如图 1-17 所示。

用同样的方式,还可以引入扩展板、传感器、功能模块、网络服务等,我们在以后的学习中将详细讲述这些内容。

2. 连接硬件

首次用 USB 线将 Micro:bit 连接到计算机时,需要安装串口驱动,打开连接设备菜单,如图 1-18 所示。

安装串口驱动后重新启动软件,连接设备菜单如图 1-19 所示。

这里选择 Micro:bit V2 所对应的端口进行连接。连接后,在舞台的上方将出现"连接设备成功"字样,如图 1-20 所示。

至此就完成了程序的准备工作,可以编写程序了。

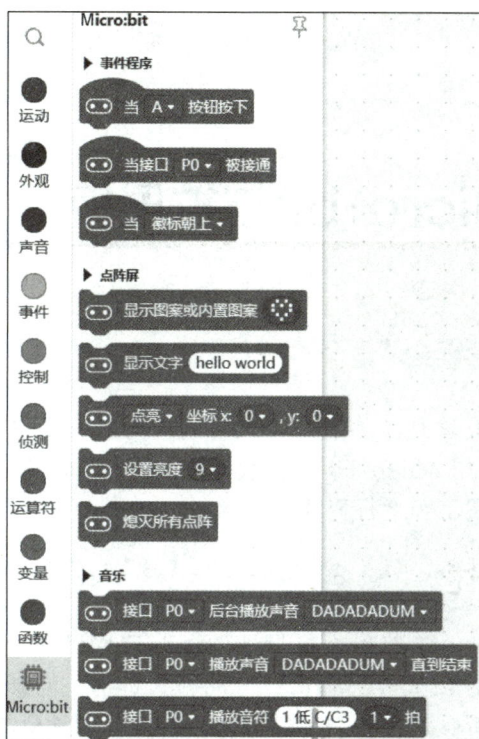
图 1-17　出现 Micro：bit 模块

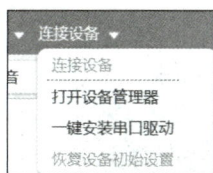
图 1-18　安装串口驱动

图 1-19　连接设备

图 1-20　连接设备成功

第2章

Micro：bit与扩展板

本书以实验作为主要教学内容，侧重于对硬件的应用与编程，考虑到一些没有接触过编程的读者，在基础编程环节使用 Micro：bit 作为载体来学习 Mind+ 软件的使用。在本章中主要选用实时模式或上传模式编写和运行程序。

2.1　Micro：bit 概述

Micro：bit 是一款为青少年编程教育设计的微型计算机开发板，由英国广播电视公司(BBC)与微软、三星、ARM、英国兰卡斯特大学等公司、机构共同开发。利用 Micro：bit，可以轻松地制作出游戏、音乐、可穿戴设备、智能玩具、机器人等各种酷炫的项目。Micro：bit 自推出以来，受到了广大创客人群的欢迎，并成为中小学生编程教育和创客教育入门的首选硬件。Micro：bit 开发板(正反面)如图 2-1 所示。

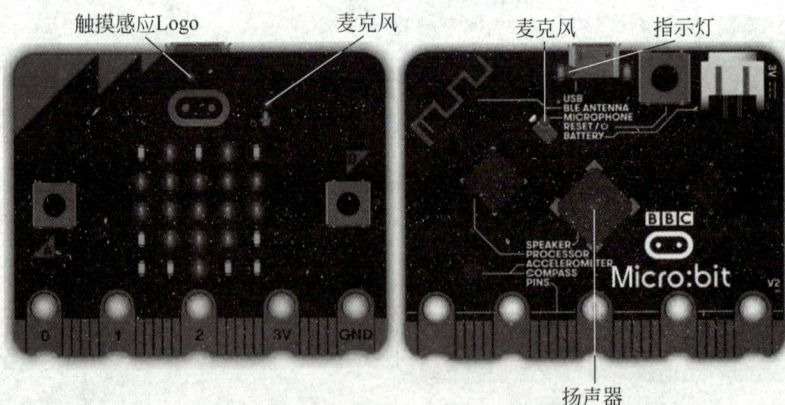

图 2-1　Micro：bit 开发板(正反面)

Micro：bit 具有以下结构：25 颗独立可编程的 LED、2 个可编程按钮、连接引脚、光线传感器和温度传感器、运动传感器(加速度和指南针)、无线通信和蓝牙、USB 接口、板载 MEMS 麦克风、内置扬声器、触摸感应的 Logo。

Micro：bit 支持多种编程方式，本书选用图形化编程。

2.2　Micro：bit 扩展板

为了将 Micro：bit 与外接设备相连接，需要使用 Micro：bit 扩展板。Micro：bit 扩展板现有多种型号，虾米扩展板如图 2-2 所示，这块 Micro：bit 扩展板集成了 10 多项功能模组。通过它可以导入更多的传感器、通信模块、显示器、功能模块，从而扩大 Micro：bit 的应用。

1．技术规格

（1）工作电压：5V(USB)外接电源：6～12V(开关仅控制外接电源)。

（2）继电器模块(P9)×1(板载吸合与断开指示灯)。

（3）红外接收传感器(P13)×1。

（4）W2812RGB灯(P15)×2(RGB0 RGB1)。

（5）红外火焰传感器(I^2C)×1。

（6）温湿度传感器(I^2C)×1。

（7）旋转角度传感器(I^2C)×1。

（8）红黄绿交通灯模块(I^2C)×1。

（9）12864_OLED显示屏(I^2C)×1(带黑色金属保护罩)。

（10）电机驱动(I^2C)×4(板载正反转两色指示灯)。

（11）GPIO(5V)：P0 P1 P2 P8(外部电源，具有更强的驱动能力)。

（12）GPIO(3.3V)：P0 P1 P2 P8 P12 P14 P16(Micro:bit主板内部电源)。

（13）I^2C扩展口(3.3V)×2。

（14）HuskyLens接口(5V I^2C)×1(外部电源，具有更强的驱动能力)。

（15）SR04超声波接口：×1(5V P0 P1 GND)。

（16）URM10超声波接口：×1(5V P0 P1 GND)。

（17）两种I/O方式。

① GPIO(3.3V)：3.3V的I/O口电源是从Micro:bit主板引出，故驱动的电流较小，适合接入小功率的传感器和执行器。

② GPIO(5V)：5V的I/O口电源是直接接的电源，具有较强的驱动能力，适合驱动舵机等大功率外设，并且适合一些只能5V供电的传感器。

③ I^2C(3.3V)：3.3V的I/O口电源是从Micro:bit主板引出，故驱动的电流较小，适合接入小功率的传感器和执行器。

④ I^2C(5V)：5V的I/O口电源是直接接的电源，具有较强的驱动能力，适合驱动AI摄像头等大功率外设，并且适合一些只能5V供电的传感器。

2．功能指示图

扩展板如图2-2所示。

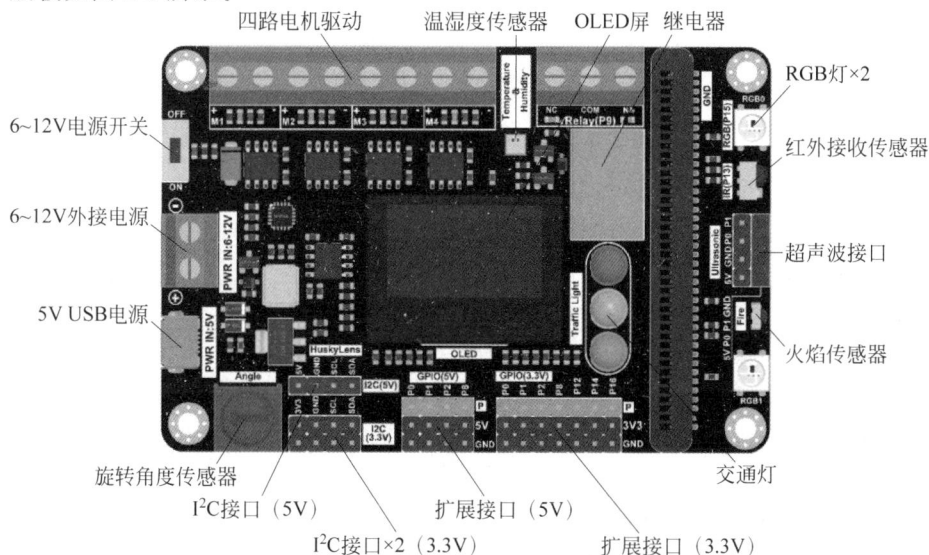

图2-2　扩展板

案例 2-1　行走的熊

1. 任务

用按钮控制角色的运动,用Micro:bit按钮A、B分别控制角色运动与舞台背景的变化,学习如何引入角色、如何加入舞台背景。

2. 算法分析

(1) 这是一个人机交互式的程序设计,为此需要引入Micro:bit开发板。

(2) 要引入角色,通过Micro:bit按钮来控制角色进行运动。

(3) 要有不同的舞台背景,并通过Micro:bit按钮来实现舞台背景的变换。

3. 程序设计

(1) 在实时模式中单击"扩展"按钮,选择Micro:bit开发板,如图2-3所示。

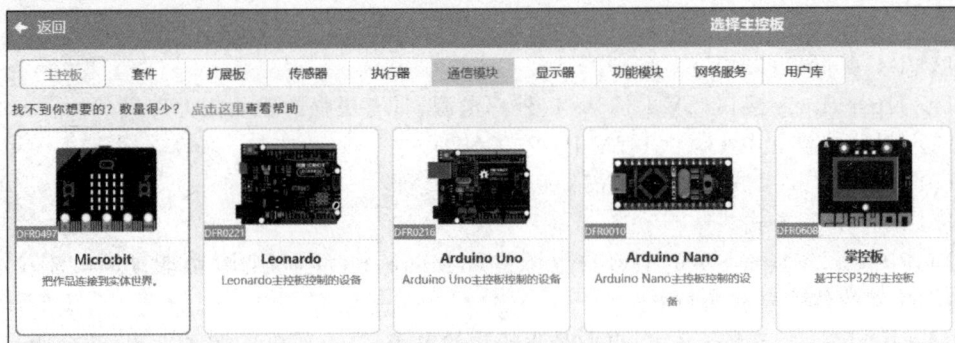

图 2-3　选择开发板

(2) 连接Micro:bit设备,如图2-4所示。

(3) 删除默认的Mind+角色,在选择角色中选择"熊-行走"角色,并根据舞台效果调整角色的大小和位置,如图2-5所示。

图 2-4　连接设备

图 2-5　"熊-行走"角色

(4) 在背景库中选择两个不同的背景,并在背景编辑窗口将默认的空白背景删除,如图2-6所示。

(5) 在脚本区编写程序如图2-7所示。

(6) 其中"当A按钮按下"是一个事件触发指令,只有当这一事件发生之后,以下程序才会执行,所以每按一次A按钮熊就前行一次,注意"移动10步"是走10个舞台坐标单位,不是熊真迈10步。

(7) 由于角色行走是由多个造型来完成的,所以第二个指令选择"下一个造型",这样可以保证角色运动过程中保持行走状态。

(8) 变换背景的指令如图2-8所示。

图 2-6 删除空白背景

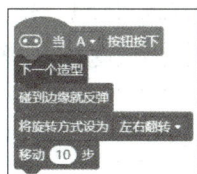

图 2-7 参考程序 1

图 2-8 参考程序 2

4. 运行效果

通过 Micro:bit 设备的 A、B 按钮运行程序,舞台效果如图 2-9 所示。

图 2-9 舞台效果

第**3**章

变量与运算

机器人的智慧源于它具有的强大的运算能力。从传感器获得信息之后,机器人就要对这些信息进行处理,并以此来决定机器人的行为。在这一过程中,变量用于存放各种数据,变量是程序设计中的重要因素,任何复杂的程序都会有变量的参与。

3.1 变量

通常认为变量的数据类型包括文本型、数值值、逻辑型和数组型 4 种类型,在 Mind+ 编程中所讲变量是指文本型变量和数值型变量,其中数值型变量既可以是整型也可以是浮点型,同时不受文本编程中对变量命名规则的限制,但是给变量起个有意义的名字会方便记忆。

在变量模块中选择新建变量,如图 3-1 所示。

创建新变量后在积木区会增加新的变量模块,如图 3-2 所示。

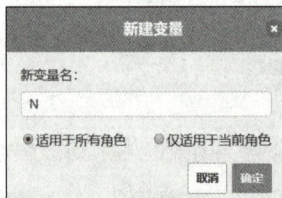

图 3-1 创建新变量

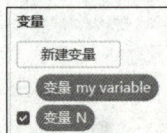

图 3-2 新建变量

如果将其勾选,在舞台上也将出现相应的变量值。

案例 3-1 计步的熊

1. 任务

让一个小熊在行走过程中不断说出所走的步数。

2. 算法分析

(1) 创建一个变量用于记录数字。

(2) 在角色外观模块中有"说的指令",可以用这一指令反馈小熊的步数。

3. 程序设计

(1) 新建项目,删除默认角色、背景,新建角色(熊-行走)和背景(Desert),如图 3-3 所示。

(2) 创建一个新的变量 N。

(3) 通过 Micro:bit 按钮 B,设置变量 N 初始值为 0,将熊移到起始位置,如图 3-4 所示。

(4) 通过 Micro:bit 按钮 A,设置小熊行走和"说"的指令,如图 3-5 所示。

图 3-3　新建角色和背景

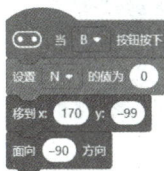

图 3-4　设置变量并初始化

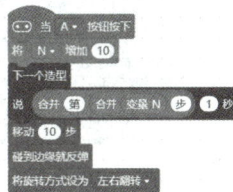

图 3-5　按钮 A 控制小熊

4. 运行效果

运行效果如图 3-6 所示。

图 3-6　运行效果

由于还没有学到"循环",目前只能按一次走一次,感兴趣的读者可参考程序压缩包中的"案例 3-1(2)连续行走的计步熊",自行尝试。

案例 3-2　提问与回答

1. 任务

让机器人 Mind+ 出一道算术题,通过 Micro:bit 按钮 A、B 输入答案,如果回答正确则显示"正确"。

2. 算法分析

(1) 可以建立一个变量 N,通过 Micro:bit 按钮 A、B 改变变量的数值。

（2）如果输入变量的值等于题目的要求，则继续执行程序，显示"正确"。

3. 程序设计

（1）新建项目，删除默认角色和背景，创建两个角色（艾弗里、鸭子）和背景（Room2），如图 3-7 所示。

图 3-7　添加角色和舞台背景

（2）通过按钮 A、B 分别实现输入变量 N 的增加和减少，并在屏幕上显示，如图 3-8 所示。

（3）选择"艾弗里"角色，设计提问程序，如图 3-9 所示。

图 3-8　实现变量 N 的增、减

图 3-9　提问程序

利用"广播"模块实现艾弗里和鸭子的交互对话。

（4）选择"小黄鸭"角色，设计回答程序，如图 3-10 所示。

其中"等待指令"如图 3-11 所示，表示只有当某一条件成立时，才会继续执行以下程序。

（5）选择"艾弗里"角色，判定对否并将变量 N 赋值为 0，如图 3-12 所示。

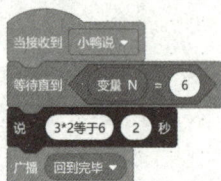

图 3-10　回答程序

图 3-11　等待指令

图 3-12　判定程序

4. 运行效果

连接设备,观察效果,会发现"艾弗里"好像只会出那一道题,而且鸭子回答错了也不告知。怎样才能出更多的题,而且及时反馈对错呢? 学完下一部分可参考压缩包里的"案例 3-2(2)多变量的提问与回答",自行尝试。

3.2 运算

Mind+运算指令包括计算、比较、逻辑及随机数等多项内容,如表 3-1 所示。

表 3-1 运算指令

功　能	运　算　指　令
加法	⬭ + ⬭
减法	⬭ - ⬭
乘法	⬭ * ⬭
除法	⬭ / ⬭
取随机数	在 1 和 10 之间取随机数
大于	⬭ > 50
小于	⬭ < 50
等于	⬭ = 50
与	◆ 与 ◆
或	◆ 或 ◆
非	非 ◆
合并字符串	合并 apple banana
读取字符串中的字符	apple 的第 1 个字符
字符串长度	apple 的字符数
是否包含	apple 包含 a ?
截取字符串	apple 获取 第▾ 1 个字符到 第▾ 2 个字符
查找字符	查找 ap 在 apple 中 首次▾ 出现位置
获得余数	⬭ 除以 ⬭ 的余数
四舍五入	四舍五入 ⬭
函数运算	✓ 绝对值 向下取整 向上取整 平方根 sin cos tan asin acos atan ln 绝对值▾ ⬭

功　　能	运　算　指　令
映射	映射 **0** 从 **0** **1023** 到 **0** **255**
约束	约束 **0** 介于(最小值) **0** 和(最大值) **100** 之间

案例 3-3　舞动的蝴蝶

1. 任务

制作一个在丛林中翩翩起舞的蝴蝶,可随机出现在任意地方。

2. 算法分析

(1) 蝴蝶的位置可以通过角色的坐标 X、Y 来确定。

(2) 建立两个变量 X、Y,用于确定蝴蝶的位置。

(3) 用随机数为变量 X、Y 赋值。

在 **1** 和 **10** 之间取随机数

图 3-13　产生随机数

(4) 随机数是指程序运行过程中通过随机数指令,产生在一定范围内的随机数值,如图 3-13 所示。

随机数在游戏制作过程中往往会用到,通过随机数增加了游戏过程的不确定性,进而增加了游戏的趣味性。

3. 程序设计

(1) 引入角色和舞台背景,如图 3-14 所示。

(2) 建立变量 X、Y,用于确定蝴蝶所在的坐标。

(3) 将区间为[−120,130]的随机数赋值给变量 X、Y。

(4) 将蝴蝶移动至坐标(X,Y)所在位置。

参考程序如图 3-15 所示。

图 3-14　角色和舞台背景

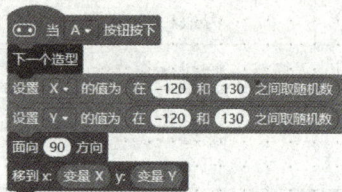

图 3-15　参考程序

4. 运行效果

连接设备,按下 A 按钮,观察效果,会看到随机出现在不同位置、显示不同造型的蝴蝶。

案例 3-4　昼与夜

1. 任务

通过光照的强度,改变背景。运行效果如图 3-16 所示。

图 3-16 运行效果

2. 算法分析

（1）Micro：bit 具有检测光强的功能。当检测到环境光强小于某值时，舞台背景为黑夜；当检测到环境光强大于某值时，舞台背景为白天。

（2）用 Micro：bit 的"按钮按下"作为程序的触发事件，并设置舞台背景。

3. 程序设计

（1）导入 Micro：bit 开发板。

（2）建立两个不同的背景，分别为白天和黑夜，如图 3-17 所示。

图 3-17 两个不同的背景

（3）编写程序如图 3-18 所示。

4. 运行效果

连接设备，观察效果。白天光线强度如果大于 100，按下 A 按钮，会快速切换黑夜和白天的背景一次。如果白天光线强度小于

图 3-18 编写程序

100或者在晚上实验,可用手机的手电筒功能作为电源,也会观察切换到白天背景的效果。

案例 3-5 星空与流星

1. 任务

在 Micro:bit 屏幕上随机点亮 LED 灯,并在计算机屏幕上显示随机出现的流星。

2. 算法分析

(1) 通过建立随机的坐标变量,可以点亮或熄灭 Micro:bit 屏幕上的 LED 灯。

(2) 建立新的角色(流星),并使角色从舞台上方落下,其方向和位置随机出现,以模拟流星。

3. 程序设计

(1) 建立变量 MX、MY。

(2) 将取值区间为[0,4]的随机数赋值给变量 MX、MY。

(3) 点亮坐标为[MX,MY]的 LED 灯,0.5s 后熄灭。

(4) 选择新的舞台背景(银河),如图 3-19 所示。

图 3-19 舞台背景(银河)

(5) 建立流星角色,如图 3-20 所示,可以手绘(图左),也可以截图舞台背景的一个星星再使其背景透明化(图右)。

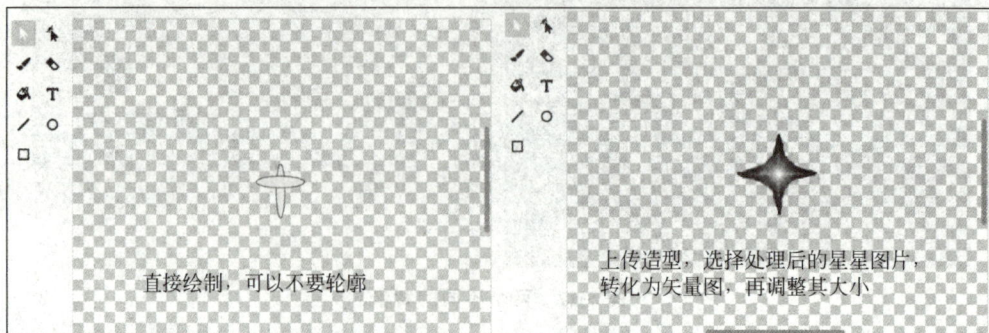

图 3-20 建立流星角色

(6) 建立变量 X_1 和 X_2,用于存放流星在舞台上的 X 坐标初始位置和终止位置。

(7) 将取值区间为[-180,300]的随机数赋值给变量 X_1 和 X_2。

（8）将角色（流星）移至舞台顶部随机位置（X_1, 156）。

（9）1秒内滑行到底部随机位置（X_2, -205）。

参考程序如图3-21所示。

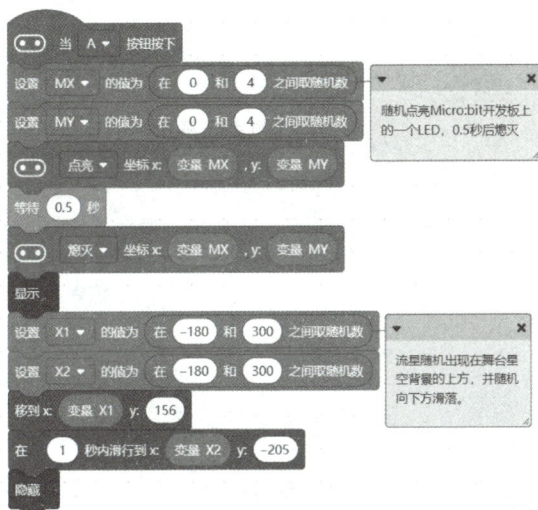

图 3-21　参考程序

4. 运行效果

连接设备，按下 A 按钮，观察 Micro：bit，会看到 LED 随机点亮后熄灭，舞台背景上流星随机出现并滑落，如图3-22所示。

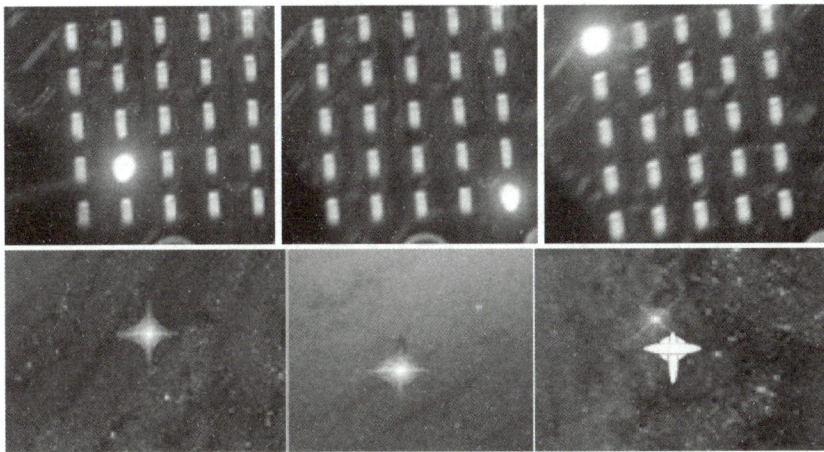

图 3-22　运行效果截图

3.3　拓展练习

任务：变量化身计数器。

制作一个计数器，按下 A 按钮时 Micro：bit 屏幕上显示数字加1，当数字为3时，角色蝴蝶出现在舞台上，按下 B 按钮则计数回0，角色隐藏。

角色程序及运行效果如图3-23和图3-24所示，见资源包"第3章拓展练习.sb3"。

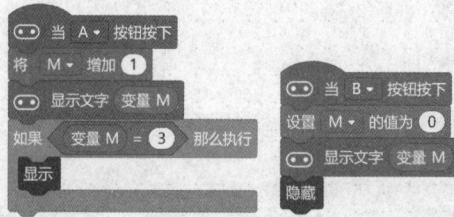

图 3-23 角色程序

图 3-24 运行效果

第4章

循 环 结 构

在编写程序的过程中,有些指令需要多次执行,这就需要采用循环结构。循环包括无限循环、有限循环和条件循环,无限循环只是循环的一种特殊情况,大多数情况下需要用到有限循环或条件循环。循环结构中的指令称为循环体。

4.1 无限循环

无限循环是一种特殊的循环结构,在无限循环中,不依赖其他条件,循环体重复执行。在实际应用中可以设置在特殊情况下中断循环指令,从而结束程序的运行。Mind+中的无限循环模块如表 4-1 所示。

表 4-1　Mind+中的无限循环模块

编 程 说 明	描　述
循环执行	功能:重复执行指令

案例 4-1　有迹可循

1. 任务

绘制一个循环运动的轨迹。

2. 算法分析

(1) 绘制运动轨迹,需要在舞台上观察程序的效果,因此要选择实时模式。

(2) 循环运动,即在循环结构中执行运动指令,并绘制出轨迹效果,需要学习运动指令和绘图指令。

3. 程序设计

(1) 选择"实时模式",创建一个新项目。

(2) 单击积木区下面的"扩展"按钮,选择"功能模块"中的"画笔",如图 4-1 所示。

(3) 返回积木区,该区会出现"画笔"指令,如图 4-2 所示。

(4) 选择默认的角色,修改"大小"参数,如图 4-3 所示。

(5) 设置角色初始位置和方向,如图 4-4 所示。

(6) 擦除指令,将前次运行程序所绘轨迹全部清除,如图 4-5 所示。

(7) "循环执行"所包围的部分是"循环体",如图 4-6 所示。

其中,"下一个造型"可以显示角色的运动效果,角色库中很多角色都有多种造型,可以呈现不同的运动姿态。

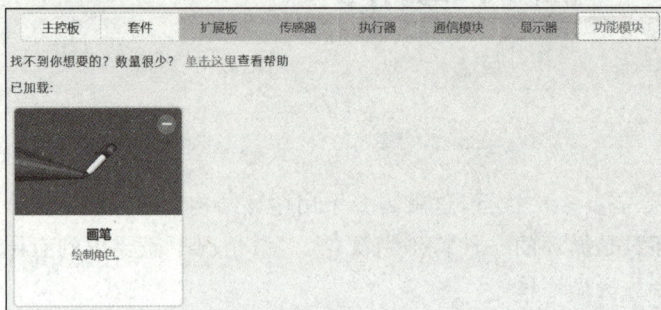

图 4-1 "功能模块"中的"画笔"

图 4-2 "画笔"指令模块

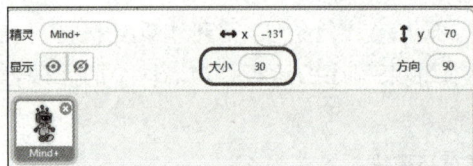

图 4-3 默认角色修改"大小"参数

图 4-4 初始位置和方向

图 4-5 "全部擦除"指令

(8)完整程序如图 4-7 所示。

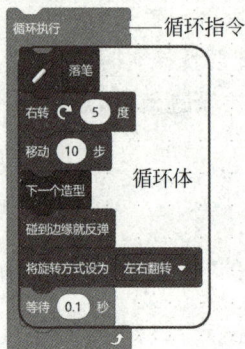

图 4-6 无限循环指令和循环体

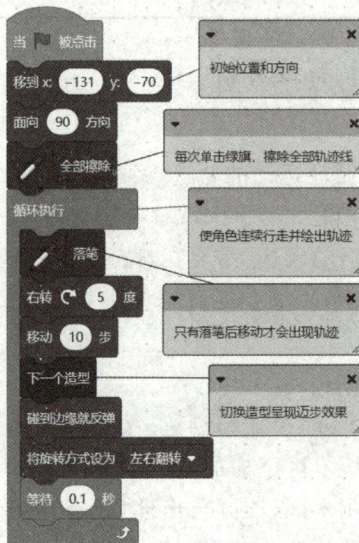

图 4-7 完整程序

其中,等待指令可以使角色造型变换更加自然,运动以一种较慢的方式进行。

4. 运行效果

单击绿旗运行程序,运行效果如图 4-8 所示。

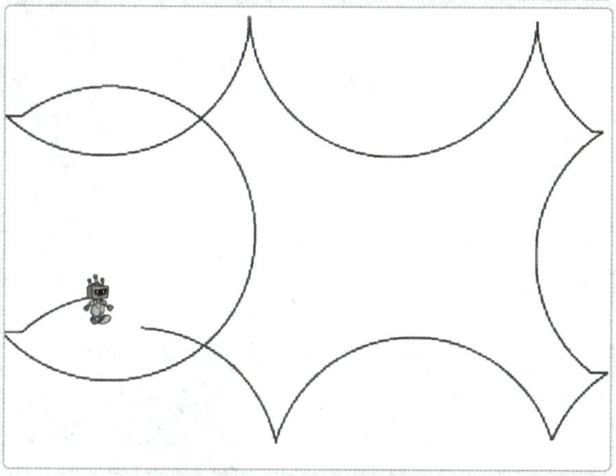

图 4-8 运行效果

4.2 有限循环

有限循环是指事先设定了循环次数的循环过程,当循环次数不大于设置次数时,执行循环;否则程序执行循环外面的指令。Mind+中的有限循环模块如表 4-2 所示。

表 4-2 Mind+中的有限循环模块

编程说明	描　述
 重复执行 10 次	功能:重复执行指令 参数:重复次数

案例 4-2 两个"重复执行 720 次"

1. 任务

先用绿色画笔绘制默认角色重复"前进""右转"720 次的运动轨迹,要求每次向前"移动 15 步"后右转一个角度,这个角度每循环一次增加 1,并且角色碰到轨迹线就反弹。然后用蓝色画笔重复上述过程。

2. 算法分析

(1) 角色运动轨迹的显现要在"实时模式"下设计程序,还要调用"画笔"功能。

(2) 720 次循环需要调用有限循环模块,循环体是运动模块。

3. 程序设计

(1) 选择实时模式,创建一个新项目。

(2) 在积木区单击"扩展"按钮,选择"功能模块"中的"画笔",返回编程界面。

(3) 选择默认角色 Mind+或小球,修改"大小"为 6,太大会影响效果,如图 4-9 所示。

(4) 设置角色初始位置和方向、画笔的初始状态和默认变量初始值为 0,如图 4-10 所示。

(5) 绿色画笔运用 720 次有限循环和运动指令绘制运动轨迹,如图 4-11 所示。

(6) 蓝色画笔运用 720 次有限循环和运动指令绘制运动轨迹,如图 4-12 所示。

(7) 完整程序如图 4-13 所示。

4. 运行效果

单击绿旗运行程序,两个"重复执行 720 次"的结果如图 4-14 所示。

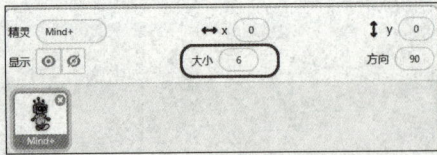

图 4-9　默认角色修改"大小"参数

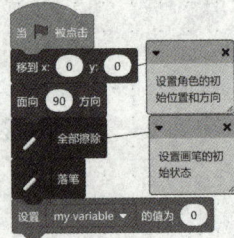

图 4-10　初始化

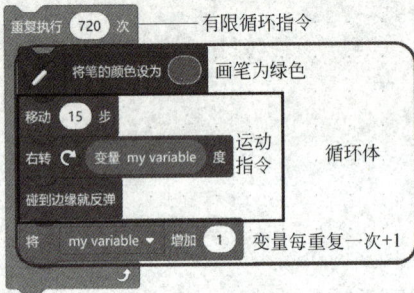

图 4-11　绿色轨迹

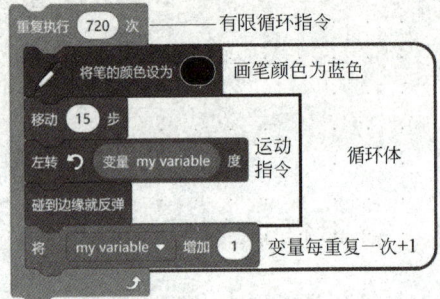

图 4-12　蓝色轨迹

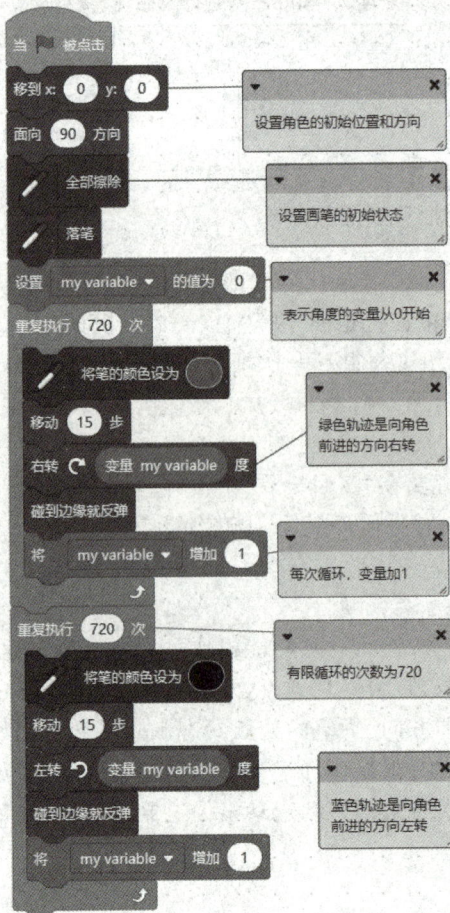

图 4-13　完整程序

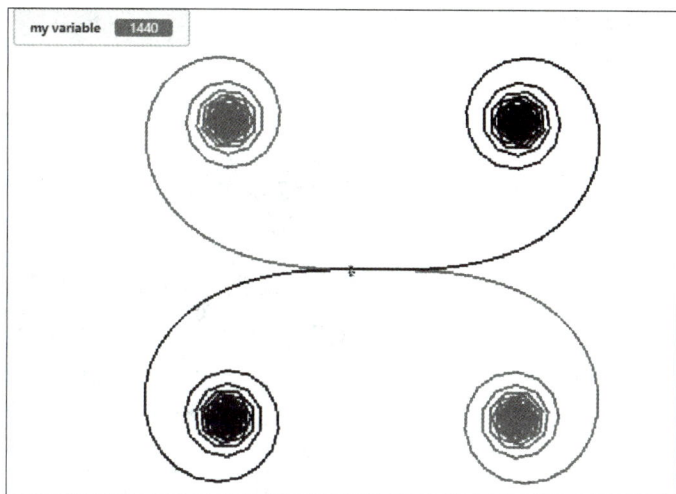

图 4-14   运行效果

案例 4-3   求 N 的阶乘

1. 任务

要求利用 Mind+ 侦测指令，以问答形式完成任务。

2. 算法分析

(1) 求 N 的阶乘是一个数学问题，就是求 $N \times (N-1) \times (N-2) \times \cdots \times 3 \times 2 \times 1 =$? 需要新建 3 个变量。

(2) 利用 Mind+ 侦测指令中的"询问并等待"和"回答"模块，通过有限循环完成任务。

3. 程序设计

(1) 在实时模式下创建 3 个新变量，并设置其初始值，如图 4-15 所示。

(2) 默认角色说出任务，并利用"询问并等待"和"回答"设计交互，如图 4-16 所示。

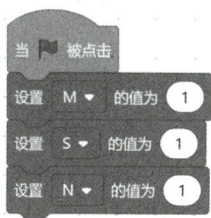

图 4-15   新建变量并初始化

图 4-16   设计交互

(3) 设计有限循环如图 4-17 所示。

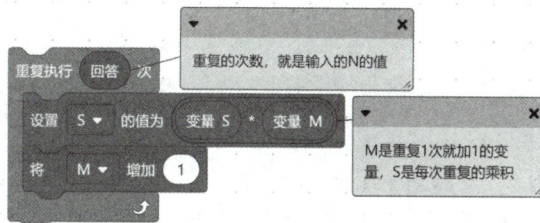

图 4-17   循环指令和循环体

（4）默认角色说出所求结果，如图 4-18 所示。

（5）完整程序如图 4-19 所示。

图 4-18　说出所求结果

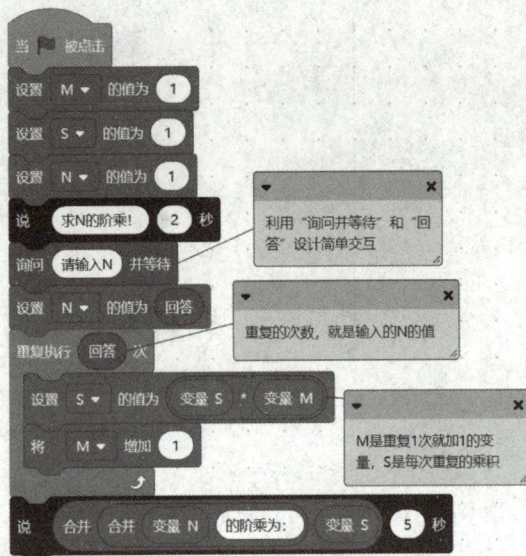

图 4-19　完整程序

4. 运行效果

单击绿旗运行程序，如图 4-20 所示。

图 4-20　运行效果

案例 4-4　按指示行动

1. 任务

要求当按下 A 按钮时，Micro：bit 点阵屏幕上出现向左箭头指示 3 次，角色向左运动；当按下 B 按钮时，向右箭头指示 3 次，角色向右运动。

2. 算法分析

（1）Micro：bit 屏幕上可以显示文字和图像，既可以采用 Micro：bit 内置的图像，也可以自己绘制所需要的图形。通过显示图案或内置图案指令选择左、右箭头，如图 4-21 所示。

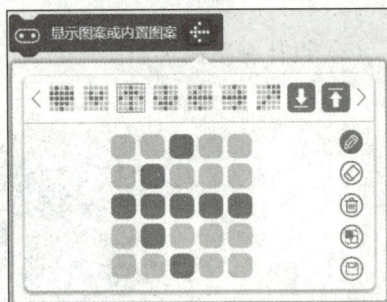

图 4-21　绘制图形

（2）通过循环实现箭头、黑屏交替出现的指示效果。

（3）可以通过发送消息作为启动事件，控制角色的所处方向和运动过程。

3. 程序设计

（1）通过扩展导入 Micro：bit 控制板。

（2）导入角色和舞台背景，如图 4-22 所示。

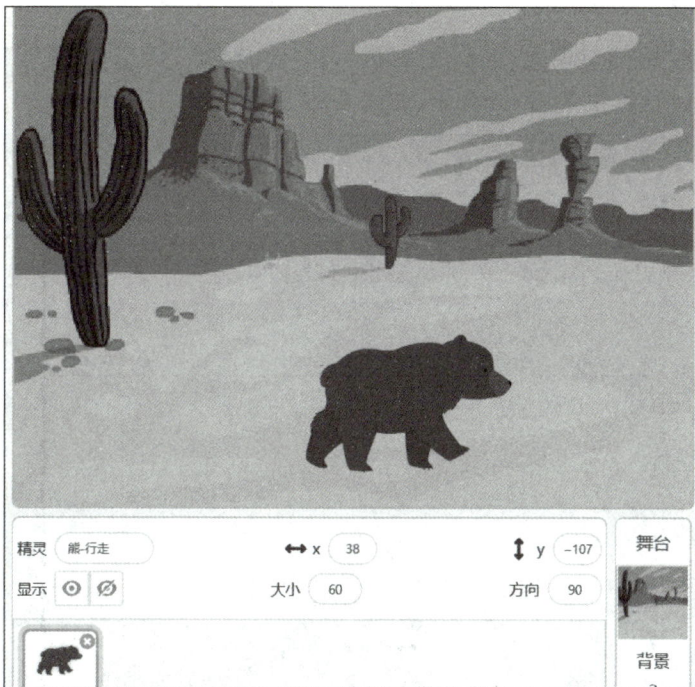

图 4-22　导入角色和舞台背景

（3）控制 Micro：bit 屏幕的程序，如图 4-23 所示。

（4）角色程序如图 4-24 所示。

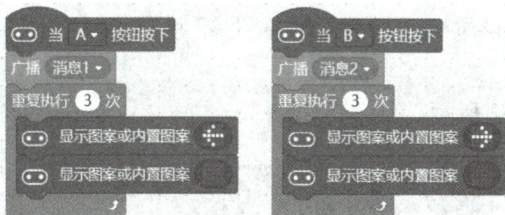

图 4-23　Micro：bit 屏幕程序

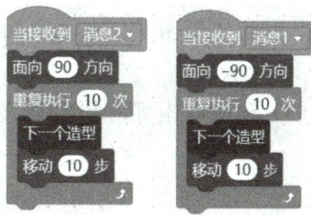

图 4-24　角色程序

4. 运行效果

连接设备，运行程序，会发现当按下 A 按钮时箭头向左指示 3 次，熊向左运动，当按下 B 按钮时箭头向右指示 3 次，熊向右运动。

案例 4-5　兔子的规则运动

1. 任务

让角色的运动轨迹呈现正弦或余弦曲线。

2. 算法分析

（1）绘制图形需要用到扩展中的画笔功能。

（2）使用有限循环，使 X 变量在区间$(-200,200)$内依次增加，根据 $Y=\sin 2X$ 关系，获得角色的(X,Y)坐标。

（3）绘制角色坐标的图线。

3. 程序设计

（1）新建项目，在"实时模式"下单击"扩展"，在"功能模块"中选择"画笔"，返回编程界面。

（2）选择 Hare 角色和 Xy-grid 背景，如图 4-25 所示。

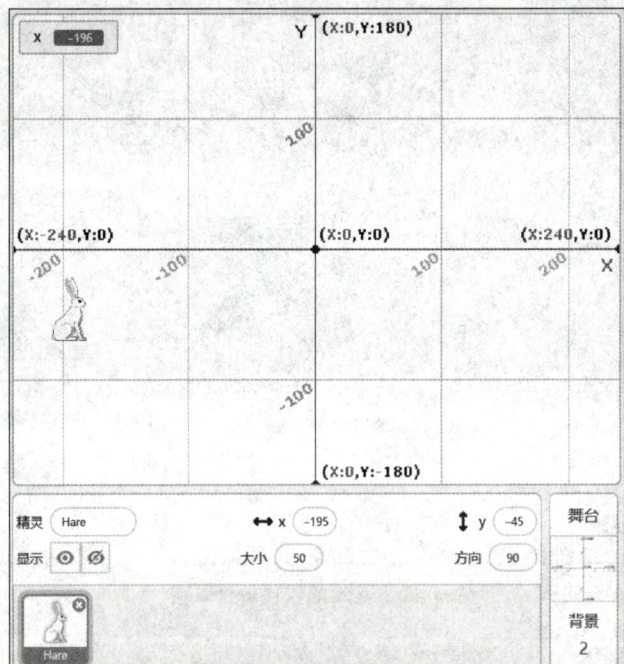

图 4-25　选择角色和背景

（3）新建变量 X，并设置初始值为-200，设置兔子的初始位置坐标为$(-200,-60)$，如图 4-26 所示。

（4）利用有限循环设计绘图程序，如图 4-27 所示。

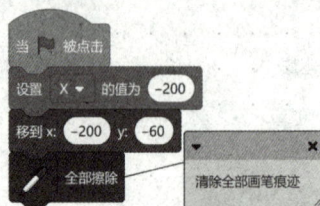

图 4-26　设置初始坐标

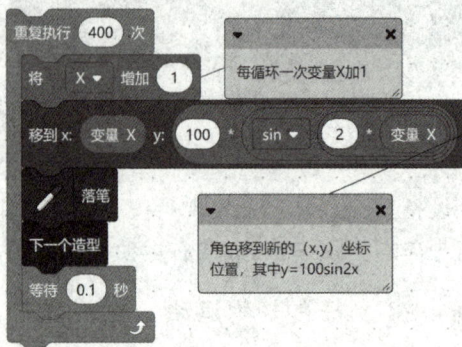

图 4-27　循环指令和循环体

4. 运行效果

单击绿旗,观察运行效果,如图 4-28 所示。

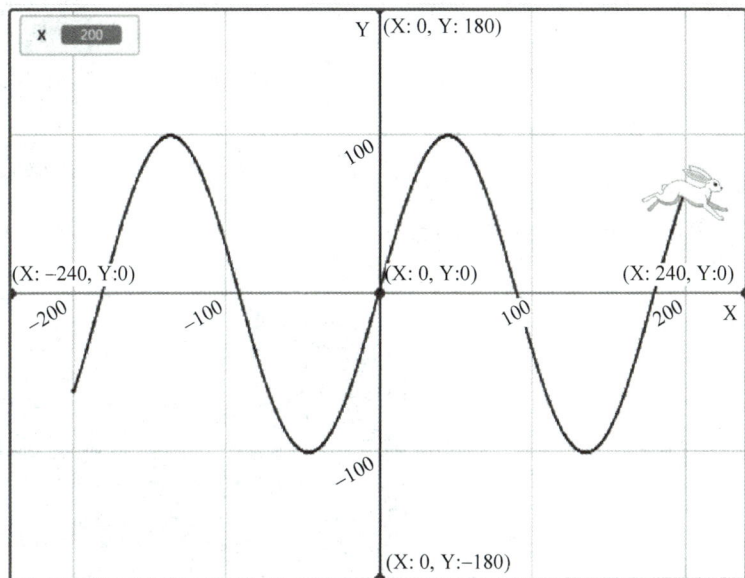

图 4-28　运行效果

案例 4-6　优美的摆动

1. 任务

有一个沿 XY 水平面进行运动的复合摆,如图 4-29 所示。已知小球沿 X、Y 轴运动分别为 $X=100[\sin(NT+80)]$ 和 $Y=100[\sin(T+100)]$,请绘出小球的运动轨迹。

2. 算法分析

(1)两个沿着相互垂直方向的正弦振动的合成轨迹称为利萨茹(Lissajous)图形,可以建立两个变量 X、Y,分别赋值为不同周期的正弦函数。

(2)使用画笔,使角色的运动轨迹呈现在舞台上。

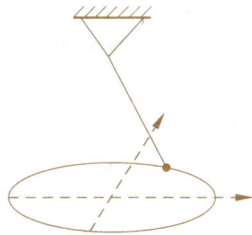

图 4-29　装置示意图

(3)用 Micro:bit 开发板的按钮进行数值输入,以获得两个正弦运动的不同周期比。

3. 程序设计

(1)新建项目,在"实时模式"下单击"扩展",选择 Micro:bit 开发板,在"功能模块"中选择"画笔",返回编程界面。

(2)选择"球"角色,将"大小"设置为 20,背景为默认,如图 4-30 所示。

(3)新建坐标变量 X、Y 和时间变量 T 以及变量 N,当按下 A 按钮时,初始化设置 N 和 T,并抬笔全部擦除画笔痕迹,如图 4-31 所示。

(4)设置角色的位置坐标 $X=100[\sin(NT+80)]$ 和 $Y=100[\sin(T+100)]$,如图 4-32 所示。

(5)利用无限循环设计绘图程序,如图 4-33 所示。

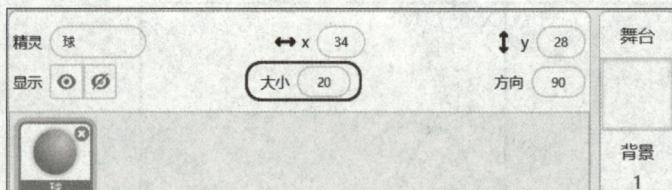

图 4-30　选择角色并改变其大小

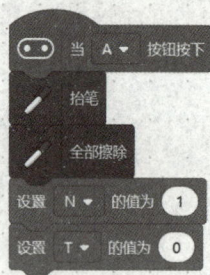

图 4-31　初始化

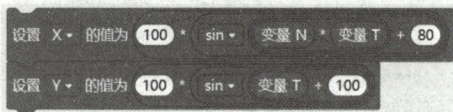

图 4-32　角色坐标设置

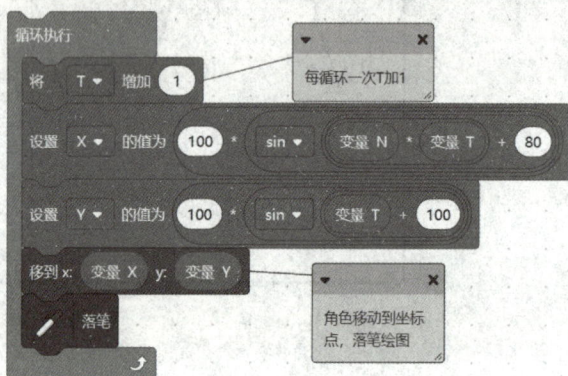

图 4-33　循环指令和循环体

（6）当按下 B 按钮时，变量 N 加 1，每次 N 改变时，擦除现有图案，角色重回初始点，如图 4-34 所示。

（7）完整程序如图 4-35 所示。

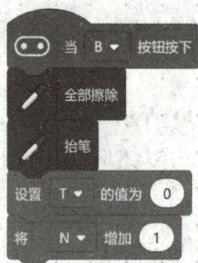

图 4-34　按下 B 按钮重新初始化

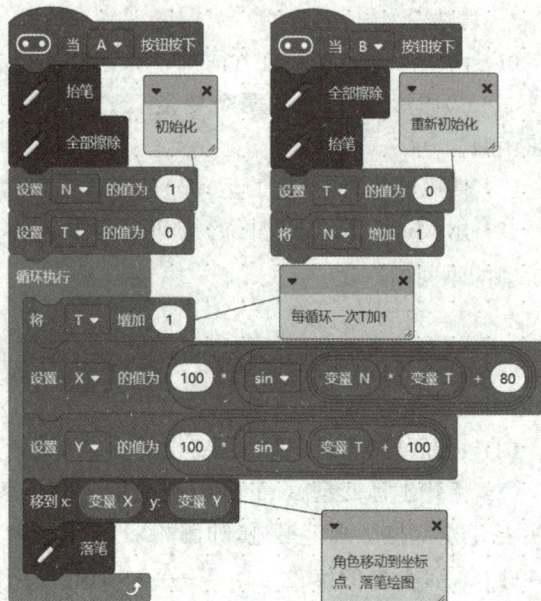

图 4-35　完整程序

4. 运行效果

连接设备,按下 A 按钮启动程序开始绘图,按下 B 按钮使 N 加 1,绘出形态各异的奇妙图型,如图 4-36 所示。

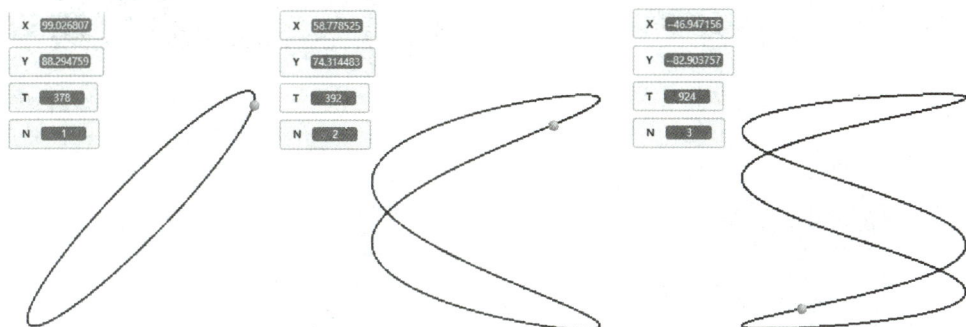

图 4-36　利萨茹(Lissajous)曲线

4.3　条件循环

循环指令通常都是在某种条件下执行的,只有在符合一些特定条件时,才会执行某些指令。也可以是一直执行循环,直到某种条件符合时停止执行,而这种条件既可以是数学或逻辑的表述,也可以是对传感器检测结果的判断。条件循环模块执行过程如表 4-3 所示。

表 4-3　条件循环模块执行过程

编 程 说 明	描　　述
	功能:重复执行指令 参数:某种条件

案例 4-7　奇数之和

1. 任务

计算 100 以内所有奇数之和。

2. 算法分析

(1)条件循环中对符合某些条件的数据进行操作,可以通过对这些数据进行筛选,从而实现任务的要求。

(2)本题中要求对 100 以内的奇数进行求和,可以先确定第一个奇数 1 和最后一个奇数 99,其中相邻的奇数相差为 2。

3. 程序设计

(1)创建两个新变量,并设置初始值,如图 4-37 所示。

(2)重复执行,直到 $N=99$ 停止,如图 4-38 所示。

(3)说出计算结果,如图 4-39 所示。

(4)完整程序如图 4-40 所示。

4. 运行效果

单击绿旗运行程序,如图 4-41 所示。

图 4-37　新建变量并初始化

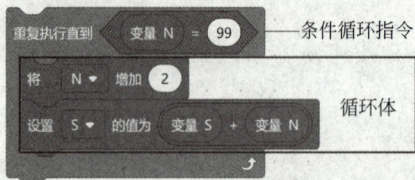

图 4-38　重复执行

图 4-39　计算结果

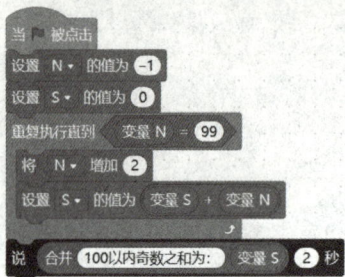

图 4-40　完整程序

图 4-41　运行效果

案例 4-8　蓝天下奔跑 10s 的独角兽

1. 任务

Mind+在"实时模式"下,积木区的"侦测"模块有个"计时器",它是记录程序开始后系统运行的时间,单位是秒(s),可精确到 0.001s,通常作为事件触发的条件使用。本任务要求程序运行大于 10s 时独角兽停止奔跑。

2. 算法分析

(1) 舞台上角色的运动其实就是几个造型的循环播放,停止循环角色就不动了。

(2) 停止循环的条件就是运行时间超过 10s。

3. 程序设计

(1) 新建项目,在"实时模式"下,角色库中选择"Unicorn Running",将"大小"改为 50,背景库选择"蓝天",如图 4-42 所示。

图 4-42　选择角色和背景

（2）先将计时器归零,再利用条件循环完成独角兽奔跑10s,如图4-43所示。

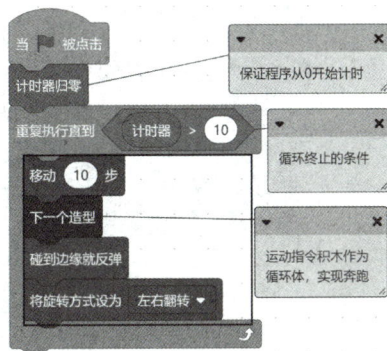

图 4-43 独角兽奔跑 10s

4. 运行效果

单击绿旗运行程序,会看到独角兽来回奔跑10s后停止奔跑。但计时器一直在运行,思考原因是什么呢?（提示:停止的是循环。）

案例 4-9 折叠出珠穆朗玛峰的高度

1. 任务

珠穆朗玛峰高度为8848.86m,如果用一张无限大的纸,可以无限次对折,那么折多少次可以超过珠穆朗玛峰的高度呢?

2. 算法分析

（1）如果一张纸厚度是 0.1mm,对折 1 次的高度就是 0.2mm,对折 2 次的高度就是 0.4mm,以此类推,如果纸无限大,可以无限次对折,就可以折出无限的高度。

（2）珠穆朗玛峰高度为 8848.86m,利用条件循环,直至满足高度条件停止循环,从而求出折叠次数。

3. 程序设计

（1）新建项目,在"实时模式"下选择默认角色,保留第一个造型并添加鸭子造型,背景为默认,如图4-44所示。

图 4-44 添加造型

（2）新建表示高度的变量 P 和表示折叠次数的变量 N，并初始化，如图 4-45 所示。

（3）调用条件循环模块，设计循环体，如图 4-46 所示。

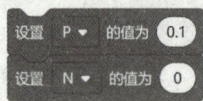

图 4-45 新建变量并初始化

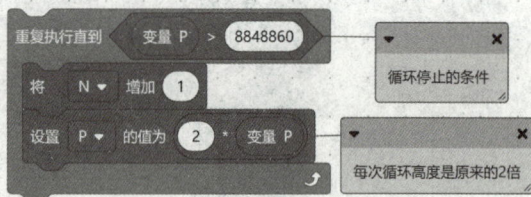

图 4-46 条件循环指令和循环体

（4）完整程序如图 4-47 所示。

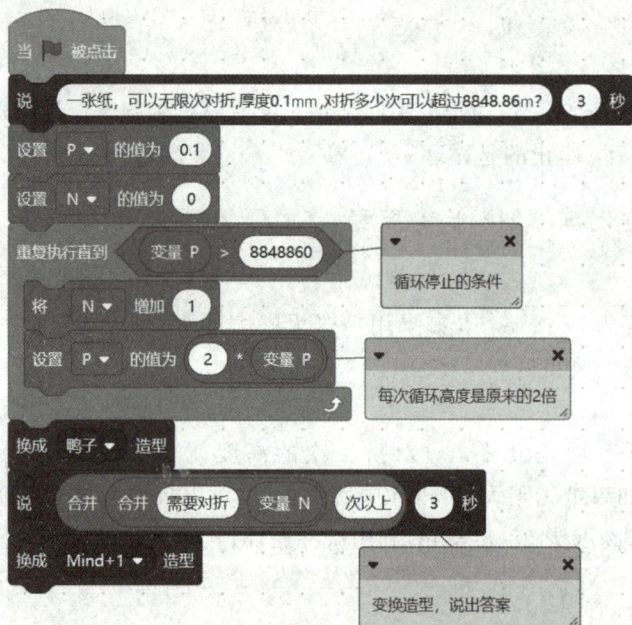

图 4-47 完整程序

4. 运行效果

单击绿旗运行程序，效果拼接如图 4-48 所示。

图 4-48 拼接效果

案例 4-10 闻声则止

1. 任务

让角色在舞台上以一定的规则进行运动,当听到声音时停止运动。

2. 算法分析

(1)小球在舞台上运动,可以加入画笔功能,用以观察运动轨迹。

(2)听到声音停止运动,说明声音强度低于某值是运动的条件,因此可以采用条件循环结构进行程序设计。

3. 程序设计

(1)新建项目,在"实时模式"下单击"扩展",选择 Micro:bit 开发板,在"功能模块"中选择"画笔",返回编程界面。

(2)删除默认角色 Mind+,引入"篮球"角色,背景为默认,如图 4-49 所示。

(3)新建变量 N,表示移动步数,并对 N、角色的大小、位置、画笔进行初始化,如图 4-50 所示。

图 4-49 换角色

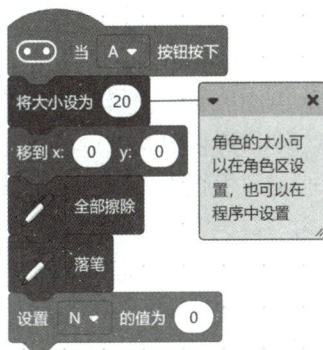

图 4-50 初始化

(4)使用条件循环,条件为当声音小于某值时,执行循环指令,如图 4-51 所示。

(5)注意把画笔抬起,如图 4-52 所示。

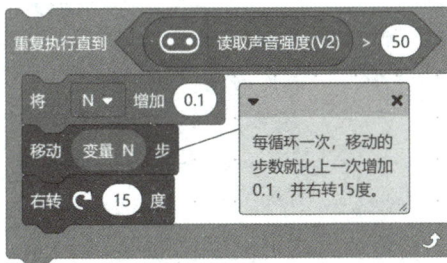

图 4-51 条件循环指令和循环体

图 4-52 抬笔

4. 运行效果

连接设备,按下 A 按钮,程序运行,当有声音强度大于 50 时,角色停止运动,如图 4-53 所示。

改变转动角度,可以观察到不同的运行效果。

N 35

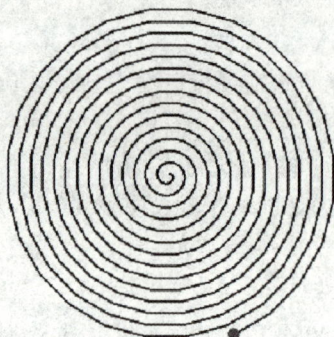

图 4-53　运行效果

案例 4-11　训练小熊

1. 任务

输入一个数字,小熊会走到指定的位置并停止。

2. 算法分析

(1) 小熊要找到位置就要借助坐标系和位置标识。

(2) 位置标识就是运动停止的条件,因此可以采用条件循环结构进行程序设计。

(3) 利用积木区"事件"中的"广播(消息)"和"当接收到(消息)"控制训练指令。

3. 程序设计

(1) 新建项目,在"实时模式"下单击"扩展",选择 Micro:bit 开发板,返回编程界面。

(2) 删除默认角色 Mind+,添加"熊-行走"为动态角色,添加"辉光-0""辉光-1""辉光-2""辉光-3"和"辉光-4"为静态角色,用于标识位置,背景选择"Xy-grid",如图 4-54 所示。

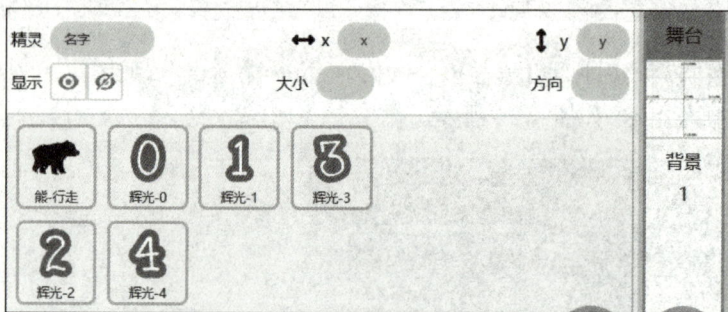

图 4-54　添加角色和背景

(3) 在舞台上摆放静态角色的位置和动态角色的初始位置,如图 4-55 所示。

(4) 新建变量 N 和 S,分别表示目标位置和当前位置,当按下 B 按钮时,进行初始化设置,如图 4-56 所示。

(5) 当按下 A 按钮时,设置目标位置,并在 LED 点阵屏上显示,如图 4-57 所示。

(6) 当徽标朝上时广播消息 1,在接收到消息 1 时运行条件循环程序,如图 4-58 所示。

(7) 完整程序如图 4-59 所示。

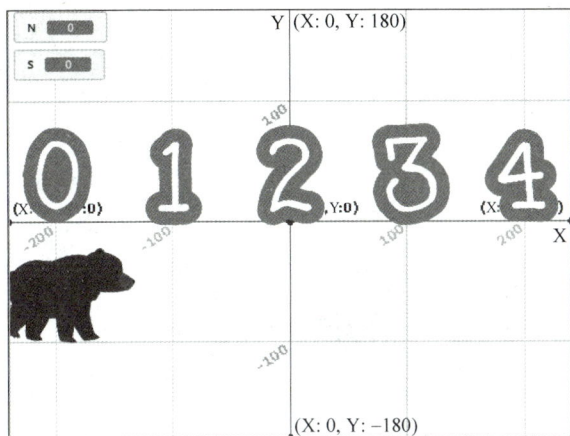

图 4-55 角色在舞台上的位置

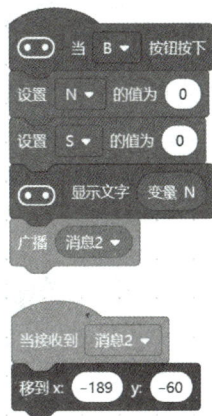

图 4-56 当按下 B 按钮时的程序

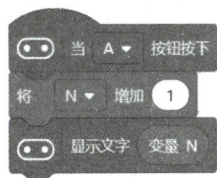

图 4-57 当按下 A 按钮时的程序

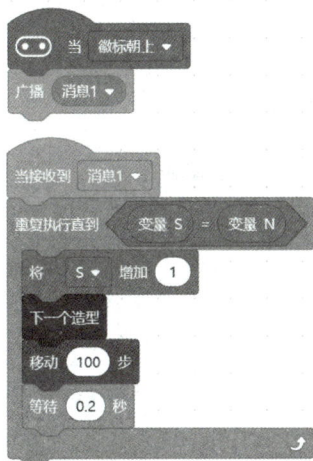

图 4-58 当徽标朝上时的程序

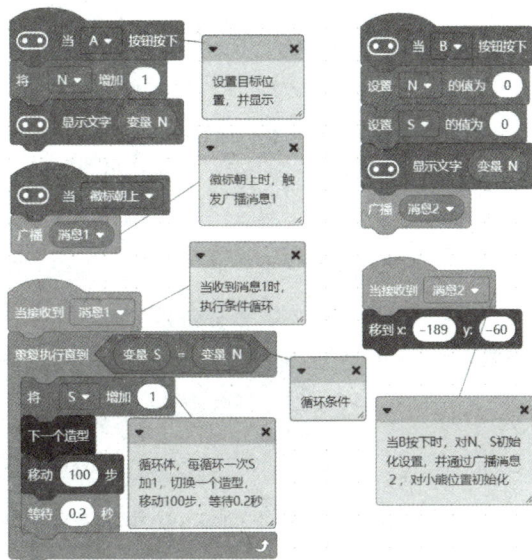

图 4-59 完整程序

4. 运行效果

连接设备,按下 B 按钮,初始化程序,如果按下 A 按钮设置目标位置为 2,徽标朝上小熊就会运动到 2 的位置,如图 4-60 所示。

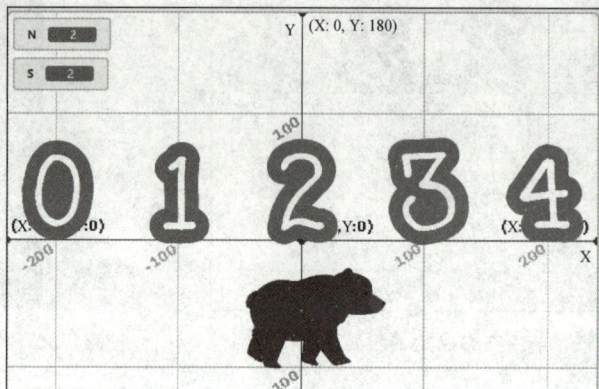

图 4-60 运行效果

4.4 嵌套循环

将一个循环放到另一个循环体内,就形成了嵌套循环,分别称为内循环和外循环,其中内循环可视作外循环的循环体。

案例 4-12 沿边线爬行的甲壳虫

1. 任务

让甲壳虫在方形区域的边线附近沿顺时针方向爬行。

2. 算法分析

(1)这是一个简单循线案例,舞台上设置两个区域,即蓝色方形区和无色背景区,用于边线颜色识别。

(2)循环执行中再嵌套两个条件循环,分别判断是否进入蓝色区和非蓝色区,执行各自的循环体。

3. 程序设计

(1)新建项目,在"实时模式"下删除默认角色 Mind+,添加"甲壳虫"为动态角色,"绘制"蓝色方形背景,调整至大小合适,如图 4-61 所示。

(2)设置甲壳虫的初始位置,如图 4-62 所示。

(3)无限循环嵌套条件循环,如图 4-63 所示。

4. 运行效果

单击绿旗,运行程序,观察效果,如图 4-64 所示。

案例 4-13 依次点亮和熄灭

1. 任务

制作一个程序点阵屏,使其上的 LED 灯从上向下、从左向右依次点亮;再从下向上、从右向左依次熄灭。

图 4-61　绘制背景

图 4-62　设置初始位置

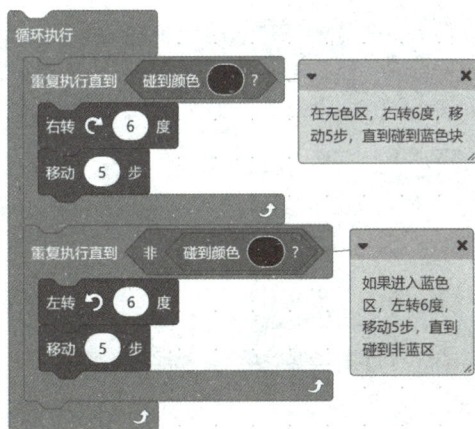

图 4-63　循环嵌套

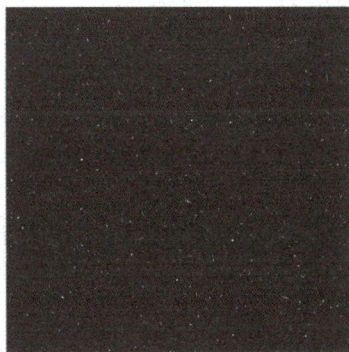

图 4-64　运行效果

2. 算法分析

（1）在 Micro：bit 点阵屏上，当 X 坐标不变时，通过有限循环让 Y 坐标每次加 1，从 0 变到 4，则可实现 LED 灯从上向下依次点亮的效果。

（2）再通过有限循环，让 X 坐标每次加 1，从 0 变到 4，实现 LED 灯从左到右向依次点亮各列的效果。

（3）熄灭则是点亮的逆过程，通过嵌套方式可以完成任务要求的程序。

3. 程序设计

（1）新建项目，在"实时模式"下通过"扩展"导入 Micro：bit 开发板，返回编程界面。

（2）建立变量 X、Y 作为 Micro：bit 点阵屏的坐标，其中 Micro：bit 点阵屏坐标规定如图 4-65 所示。

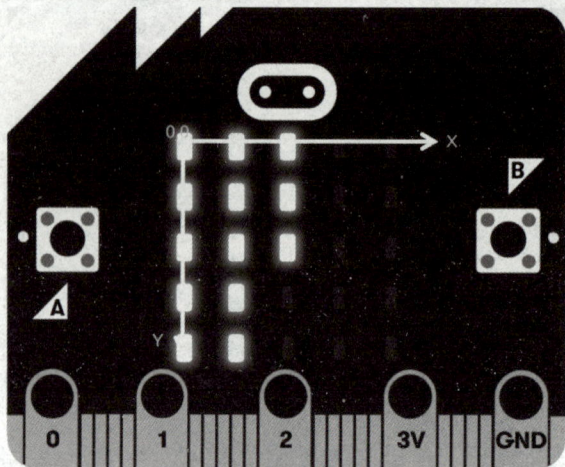

图 4-65　Micro：bit 点阵屏坐标

（3）当 X 坐标不变时，Y 值每循环一次从上向下，点亮一个 LED 灯。

（4）当 X 加 1 时，则将下一列 LED 灯点亮。

（5）依次点亮 Micro：bit 点阵屏程序如图 4-66 所示。

（6）同样可以依次熄灭 Micro：bit 点阵屏，如图 4-67 所示。

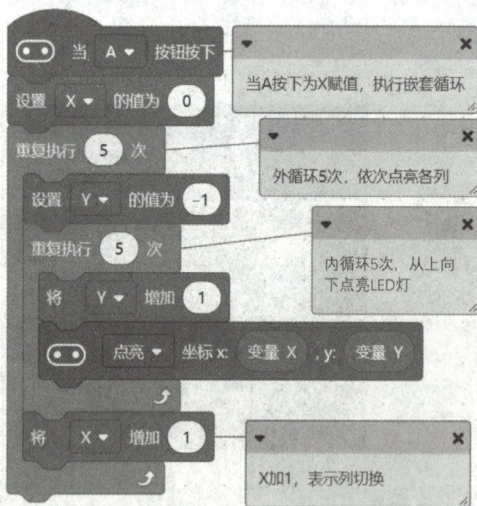

图 4-66　依次点亮 Micro：bit 点阵屏程序

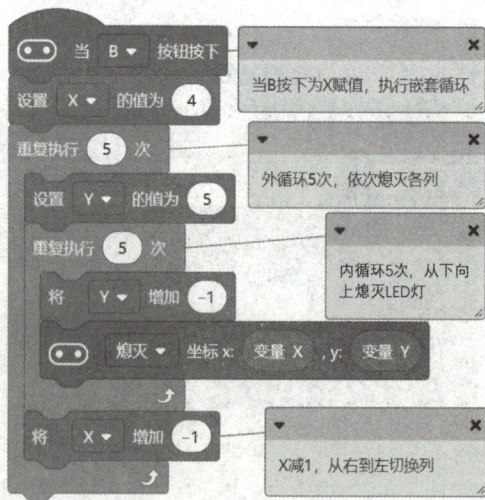

图 4-67　依次熄灭 Micro：bit 点阵屏

4. 运行效果

连接设备，当按下 A 按钮时，点阵屏上的 LED 灯依次从上向下、从左向右点亮。当按下 B 按钮时，LED 灯再从下向上、从右向左依次熄灭。

4.5　拓展练习

任务：蝴蝶的自动与被动。

设计一个在花丛中漫游的蝴蝶，通过 Micro：bit 按钮控制蝴蝶的运动。

参考程序如图 4-68 所示,见资源包"第 4 章拓展练习.sb3"。

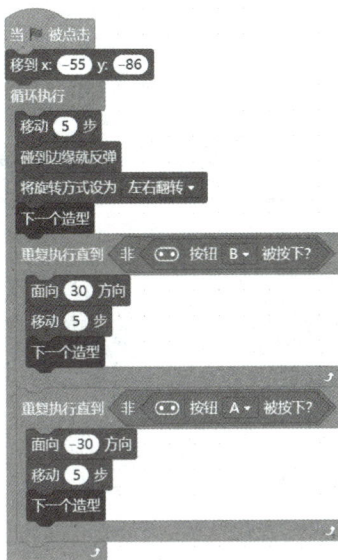

图 4-68 参考程序

当 A、B 按钮全没有被按下时,蝴蝶在花丛中漫游,碰到边缘会反弹;如果按下 B 按钮则向右上方运动,按下 A 按钮则向左上方运动。

运动效果如图 4-69 所示。

图 4-69 运动效果

第**5**章

选 择 结 构

选择结构(也称为分支结构),是在程序运行中根据某些设定条件是否成立,对程序的走向进行选择,以便决定执行某些语句的一种程序结构。

5.1 选择结构的基础形式

选择结构有多种形式,其中最基础的一种,即当满足某一条件(条件为真时)执行相应指令,如图 5-1 所示。

如果满足某一条件,即执行相应指令;否则执行其他指令,如图 5-2 所示。这通常称为"如果-否则"结构。

图 5-1 基础选择结构

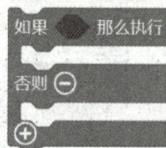

图 5-2 "如果-否则"结构

案例 5-1 求和(一)

1. 任务

求 100 以内可以被 3 整除的数之和。

2. 算法分析

(1) 找出 100 以内能被 3 整除的数。

(2) 对这些数求和。

3. 程序设计

(1) 新建项目,在"实时模式"下新建两个变量 N(表示 100 以内所有的数)和 S(表示求和结果),并初始化赋值为 0,如图 5-3 所示。

(2) N 从 0 开始循环执行 $N+1$,直到 $N=100$ 结束,如图 5-4 所示。

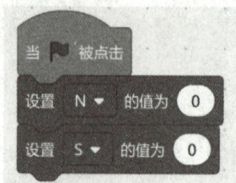

图 5-3 新建变量并赋值

图 5-4 条件循环-遍历 100 以内的每个数

（3）每循环一次，就要判断一次是否能被 3 整除，把能够整除的数留下来求和，如图 5-5
所示。

（4）默认角色说出计算结果，完整程序如图 5-6 所示。

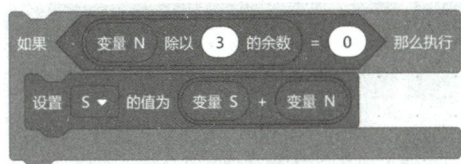

图 5-5 选择能被 3 整除的数求和

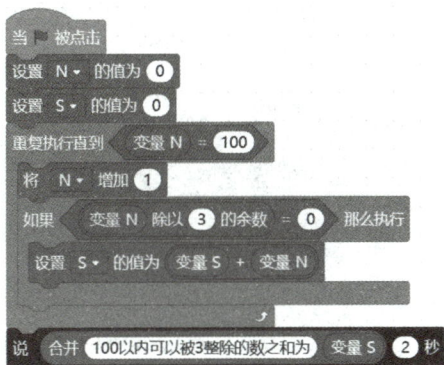

图 5-6 完整程序

4. 运行效果

运行效果如图 5-7 所示。

图 5-7 运行效果

案例 5-2 求和（二）

1. 任务

求 100 以内能同时被 3 和 7 整除的数之和。

2. 算法分析

（1）找出 100 以内能同时被 3 和 7 整除的数。

（2）对这些数求和。

3. 程序设计

（1）新建项目，在"实时模式"下新建两个变量 N（表示 100 以内所有的数）和 S（表示求和
结果），并初始化为 0。

（2）利用条件循环遍历 100 以内每个数。

（3）分别对 3 和 7"求余"，再利用逻辑"与"找到同时满足整除条件的数。

（4）用累加的方法求和。

（5）默认角色说出结果，完整程序如图 5-8 所示。

4. 运行效果

运行效果如图 5-9 所示。

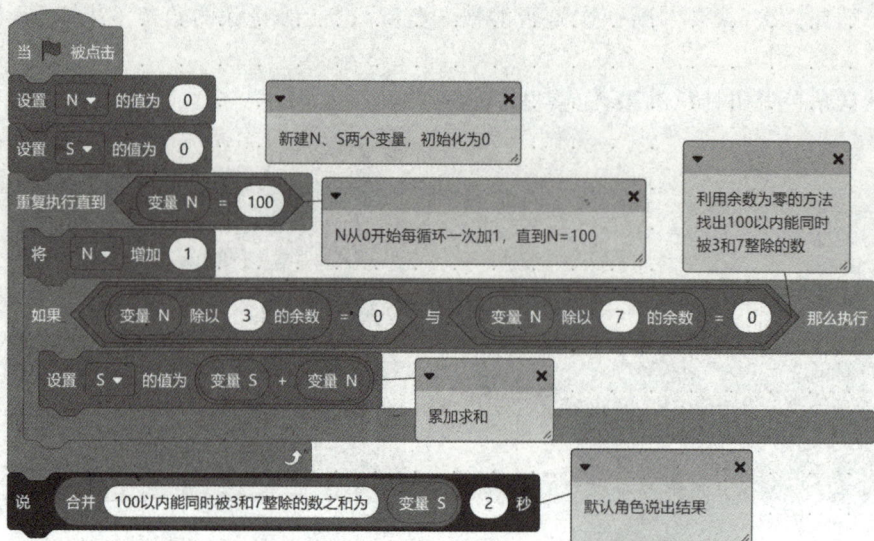

图 5-8　完整程序

100以内能同时被3和7整除的数之和为210

图 5-9　运行效果

案例 5-3　你摇我走

1. 任务

要求每摇动一次 Micro：bit 开发板，默认角色就向前迈一步，并把步数记录下来。

2. 算法分析

（1）摇动开发板需要用到板载姿态传感器的"摇一摇"作为选择条件。

（2）每摇动一次，默认角色就向前迈一步，需要切换一次迈步造型。

（3）Mind+的广播功能，可以在主程序和角色之间或者角色与角色之间建立联系，使结构更清晰或者互动更容易。

（4）角色的移动要用到"运动"相关积木。

3. 程序设计

（1）新建项目，在"实时模式"下通过"扩展"选择 Micro：bit 开发板，返回编程界面。

（2）新建变量 N 表示步数，也是开发板摇动的次数，并初始化为 0。

（3）循环判断开发板是否在摇动，如果是则变量 N＋1。

（4）广播消息通知默认角色向前迈一步，并等待 0.5 秒，如图 5-10 所示。

（5）默认角色收到广播，完成移动和切换造型等动作，如图 5-11 所示。

（6）连接设备，晃动开发板，观察效果。

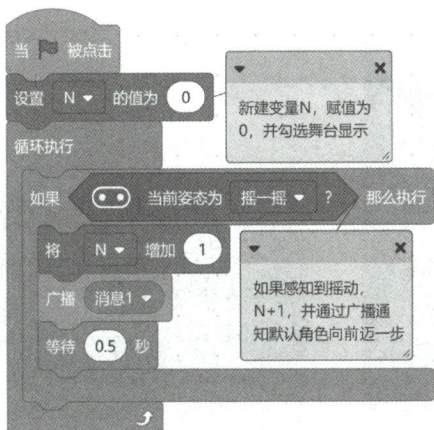

图 5-10 感知摇动计数

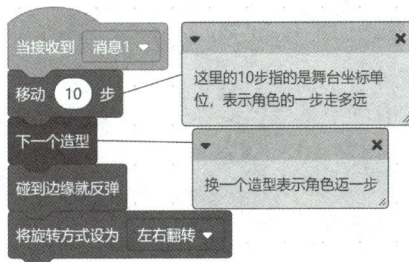

图 5-11 收到广播迈步

4. 运行效果

运行效果如图 5-12 所示。

图 5-12 运行效果

案例 5-4 黑暗中的心灯

1. 任务

读取环境光的强度值,当小于某一数值时,点阵屏点亮心形图案;否则熄灭。

2. 算法分析

(1)检测环境光的强度,可用板载光强度传感器。

(2)利用串口显示读取的环境光强度数值,找出合适的切换条件。

(3)若条件满足,则点阵屏点亮心形图案;否则点阵屏熄灭。

3. 程序设计

(1)新建项目,在“上传模式”下通过“扩展”选择 Micro:bit 开发板,返回编程界面。

(2)循环读取环境光的强度,并在串口显示。

(3)循环判断环境光的强度是否小于 30,如果是则点阵屏点亮心形图案;否则点阵屏熄灭。

程序和串口数据如图 5-13 所示。

(4)用 USB 线连接计算机和开发板,选择连接设备,上传程序,用手挡光观察效果。

4. 运行效果

运行效果如图 5-14 所示。

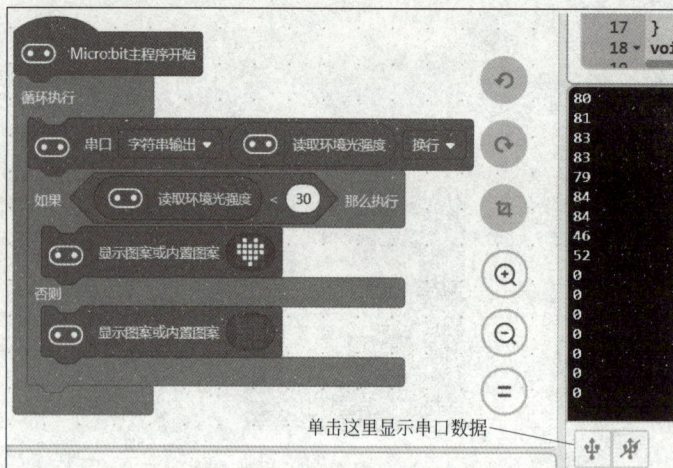

图 5-13　程序和串口显示环境光强度

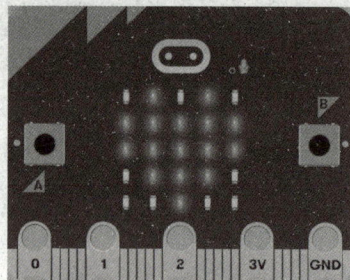

图 5-14　运行效果

案例 5-5　声控延时灯

1. 任务

读取环境声音的强度值,当大于某一数值时,点阵屏全部点亮延时 3 秒熄灭;否则不点亮。

2. 算法分析

(1) 检测环境的声音强度,可用板载声音强度传感器。

(2) 利用串口显示读取声音强度数值,找出合适的切换条件。

(3) 若条件满足,则点阵屏全部点亮,延时 3 秒后熄灭;否则点阵屏不点亮。

3. 程序设计

(1) 新建项目,在"上传模式"下通过"扩展"选择 Micro:bit 开发板,返回编程界面。

(2) 循环读取声音强度,并在串口显示。

(3) 循环执行,如果声音强度大于 30,则点阵屏全部点亮,延时 3 秒后熄灭;否则点阵屏不点亮。

程序如图 5-15 所示。

图 5-15　程序

（4）用 USB 线连接计算机和开发板，选择连接设备，上传程序，发出声音观察效果。

4．运行效果

运行效果如图 5-16 所示。

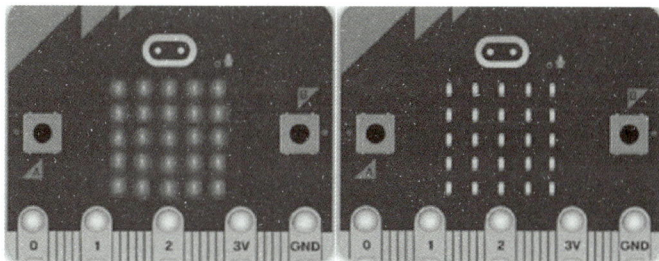

图 5-16 运行效果

5.2 多项选择结构

在程序执行过程中，有时会面临多种条件的选择，而满足某一条件时所要执行的指令不同。可以单击选择结构的左下方+号，增加所选择的条件，如图 5-17 所示，则条件结构变成图 5-18 所示。

图 5-17 增加选择条件

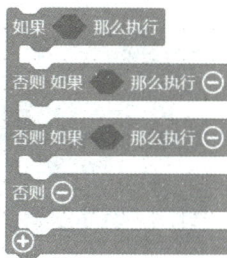

图 5-18 多条件选择

案例 5-6 互动锻炼

1．任务

用 Micro：bit 开发板控制屏幕中的角色说话和运动。

2．算法分析

（1）人机互动运动功能，在很多健身器材中非常普及，可以通过互动让体育运动不再枯燥而富有趣味。

（2）Micro：bit 控制板自带多种传感器，可用于测量不同角度、加速度、光强等物理量，可以设置不同姿态对应各种指令，如图 5-19 所示，通过检测当前姿态，从而实现人机交互程序制作。

（3）通过选择结构指令，满足不同条件对应不同的角色造型或语音提示。

（4）为增强交互效果，可以导入网络服务中的"文字朗读"模块，让角色具有语音交流的功能，如图 5-20 所示。

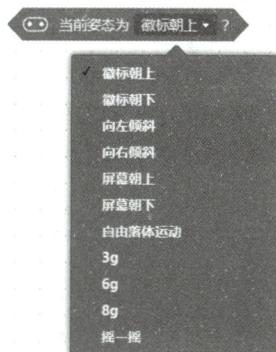

图 5-19 检测当前姿态

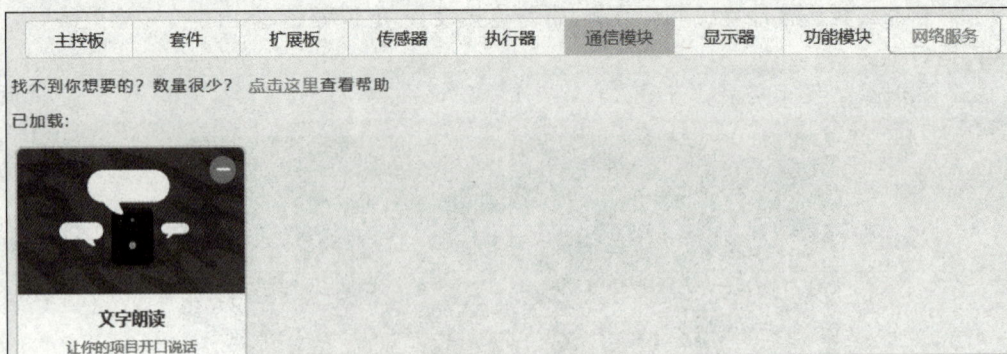

图 5-20　导入"文字朗读"模块

3. 程序设计

（1）新建项目，选择"实时模式"，通过"扩展"导入 Micro:bit 开发板并连接设备。

（2）删除默认角色，从角色库中导入"熊"角色，背景选择"蓝天"，如图 5-21 所示。

图 5-21　角色和背景

（3）建立变量 N 存储直立的秒数。

（4）开发板徽标向上时，变量 $N = N + 1$，角色变换为造型 b，并朗读变量 N。

（5）开发板向左倾斜时，朗读"向左倾斜了"。

（6）开发板向右倾斜时，朗读"向右倾斜了"。

（7）否则角色为造型 a，变量 N 清零。

参考程序如图 5-22 所示。

4. 运行效果

按下空格键，运行程序并观察效果，见资源包"案例 5-6 互动锻炼.mp4"。

图 5-22　参考程序

案例 5-7　河豚循线

1. 任务

在"实时模式"下制作一个虚拟双传感器的循线机器人,使其可以正确循线行进。

2. 算法分析

(1) 本任务要学习双传感器机器人的循线过程,为此引入"河豚"角色,并为角色加上左、右两个不同颜色的标志作为传感器来使用。

(2) 具有循线功能的机器人(河豚)应该可以适合不同的场地,为此建立 3 个不同的场地,可以在循线过程中进行变换,从而检验机器人的循线功能。

(3) 左、右两个传感器分别置于线的两边,当左侧传感器触碰线条时(两种颜色接触)机器人向左侧转动。

(4) 当右侧传感器触碰线条时(两种颜色接触)机器人向右侧转动。

(5) 如果两个传感器都没有触碰线条时,说明线条位于两个传感器的中间,可以全速向前。

3. 程序设计

(1) 新建项目,在"实时模式"下引入角色"河豚",并在造型中加以修改,如图 5-23 所示。

(2) 绘制背景,创建 3 个不同的场地,如图 5-24 所示。

(3) 可以通过按下空格键改变场地,如图 5-25 所示。

(4) 如果左侧传感器检测到线条(即蓝色触碰绿色)则机器人向左转动,并移动 10 步,如图 5-26 所示。

(5) 如果右侧传感器检测到线条(即红色触碰绿色)则机器人向右转动,并移动 10 步,如图 5-27 所示。

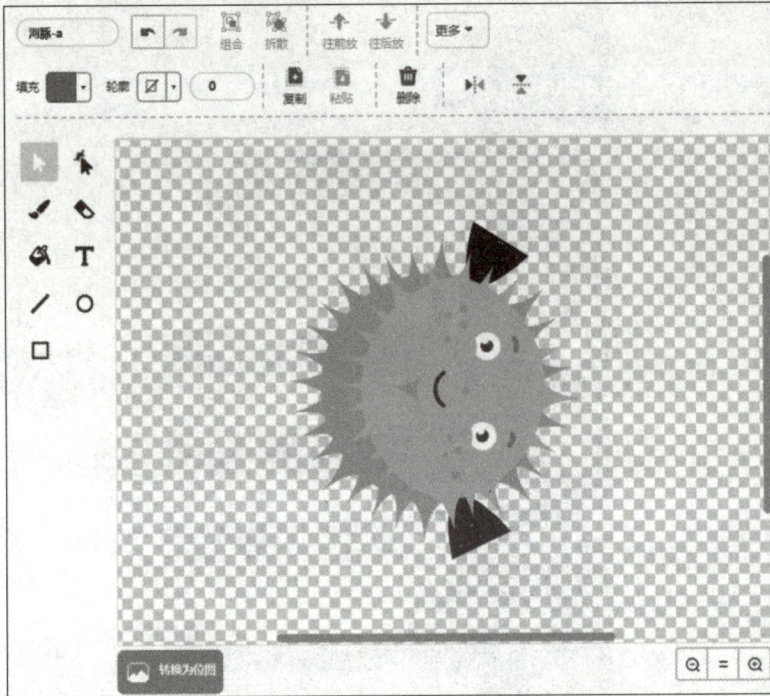

图 5-23　在角色上添加两种颜色的"传感器"

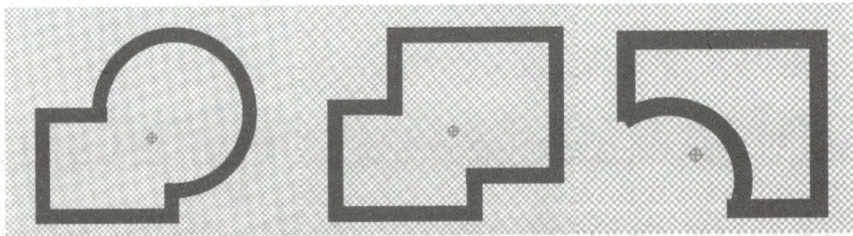

图 5-24　绘制 3 个不同场地

图 5-25　改变场地　　　　图 5-26　左侧碰线左转前行　　　　图 5-27　右侧碰线右转前行

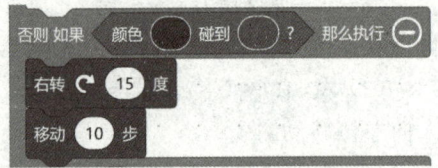

（6）如果左、右传感器都没有触碰线条，则向前直行，如图 5-28 所示。

（7）如果跑出线外，则按任意键召回，如图 5-29 所示。

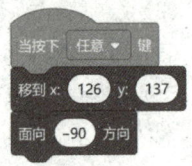

图 5-28　不碰线直行　　　　　　　　　　　　图 5-29　按任意键召回到起点

（8）完整程序如图 5-30 所示。

4. 运行效果

运行效果如图 5-31 所示，见资源包"案例 5-7 河豚循线.mp4"。

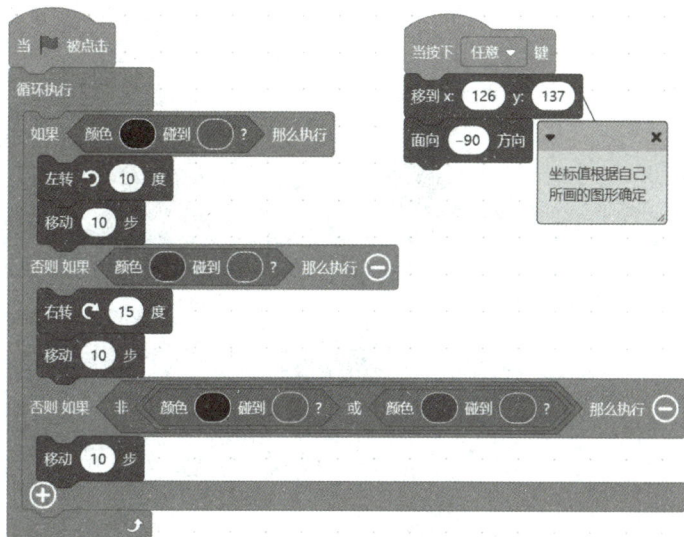

图 5-30　完整程序

图 5-31　运行效果

案例 5-8　走迷宫

1. 任务

在"实时模式"下制作一个虚拟机器人（河豚），使其可以在迷宫中自行找到出口。

2. 算法分析

（1）走迷宫是机器人训练中一个常见的项目。与案例 5-7 相同，制作一个河豚机器人，并且为机器人再添加一个正前方的传感器，本案例所需要的是左侧传感器和前方传感器。

（2）走迷宫需要用到的是左手（也可以是右手）法则，即可以先判断左侧是否有障碍，如果左侧没有障碍，则向左侧运动。

（3）如果左侧有障碍，则判断前方是否有障碍，如果前方没有障碍则向前运动。

（4）如果左侧有障碍、前方有障碍，则向右转动 90 度并重新执行（2）和（3）步骤。

3. 程序设计

（1）新建项目，在"实时模式"下从角色库中引入角色"河豚"，并在造型中加以修改，如图 5-32 所示。

（2）绘制一个静态角色"迷宫"，如图 5-33 所示。

（3）设置程序启动时的角色"河豚"初始位置，如图 5-34 所示。

（4）循环检测，如果左侧没有检测到物体，则左转、前行，如图 5-35 所示。

（5）如果前方没有检测到物体，则向前运动，如图 5-36 所示。

（6）如果检测到出口，则"停止"脚本，并说"胜利"，如图 5-37 所示。

（7）如果左侧和前方都检测到物体，则右转、前行，如图 5-38 所示。

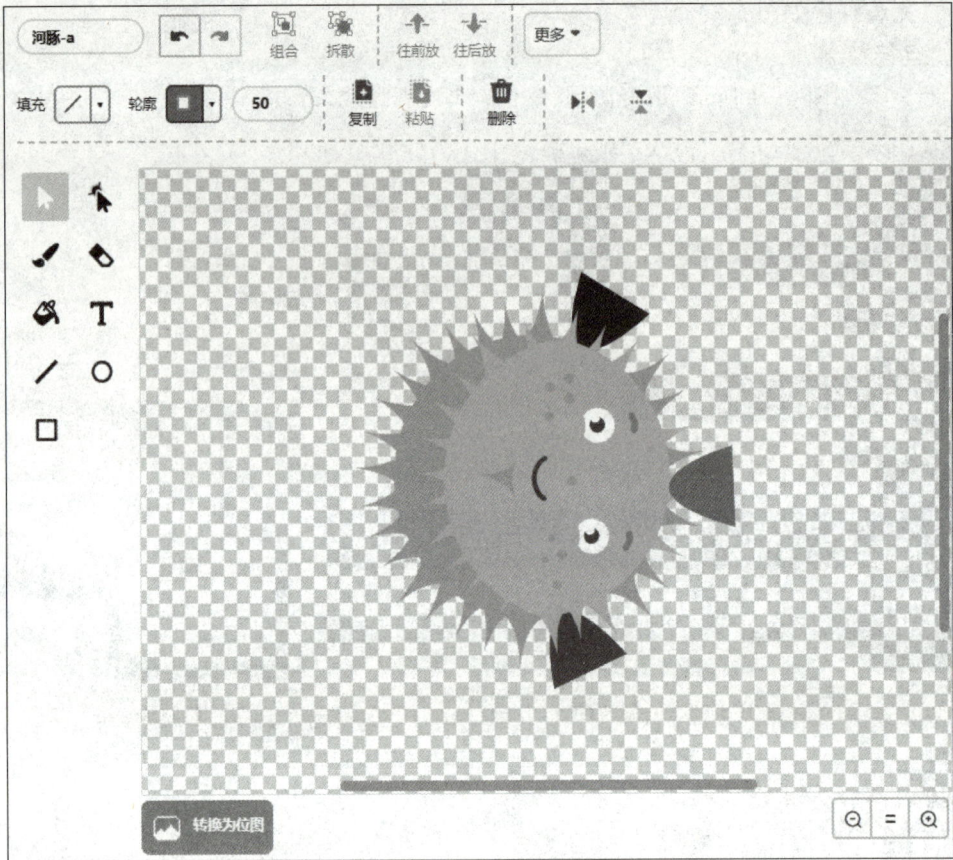

图 5-32　引入角色并修改

图 5-33　迷宫

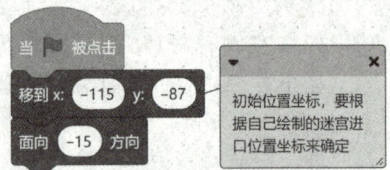

图 5-34　设置初始位置

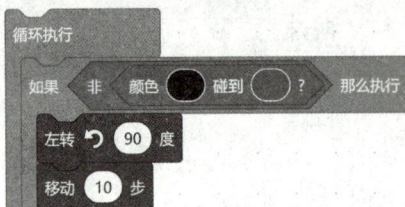

图 5-35　左侧无障碍靠左行走

图 5-36　前方无障碍直行

图 5-37　走出迷宫

图 5-38　左侧和前方都有障碍则右转前行

（8）完整程序如图 5-39 所示。

4. 运行效果

运行效果如图 5-40 所示，见资源包"案例 5-8 走迷宫.mp4"。

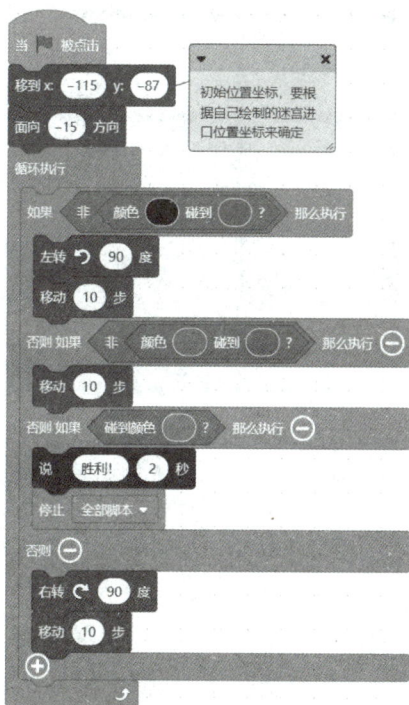

图 5-39　完整程序

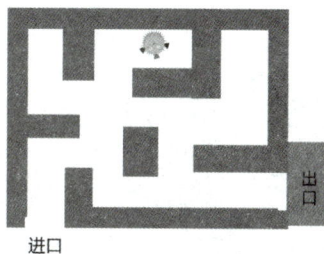

图 5-40　运行效果

案例 5-9　识别路口随机转弯

1. 任务

在"实时模式"下制作一个虚拟机器人（河豚），使其可以识别路口并随机转弯。

2. 算法分析

（1）循线过程中，有时需要识别路口并确定转动方向。

（2）如以上案例，机器人循线行走，配备左、右两个传感器会有更好的效果。

（3）左、右两个传感器同时遇到黑线，表示到了十字路口。

3. 程序设计

（1）新建项目，在"实时模式"下从角色库中引入角色"河豚"，并在造型中加以修改，同案例 5-8，如图 5-32 所示。

（2）绘制角色场地，如图 5-41 所示。

图 5-41　绘制场地

（3）创建一个新变量 N，并设置初始值为 0；同时设置角色的初始位置，如图 5-42 所示。

（4）在循环直行的过程中，如果左、右传感器同时触碰黑线，说明遇到了路口，则变量 N 增加一个 1～100 的随机数，如图 5-43 所示。

（5）如果变量 N 是偶数则左转，否则右转，如图 5-44 所示。

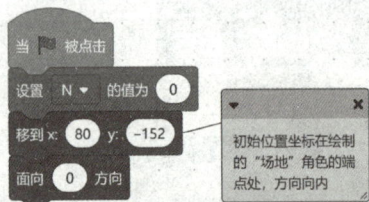

图 5-42　初始化

图 5-43　遇到路口

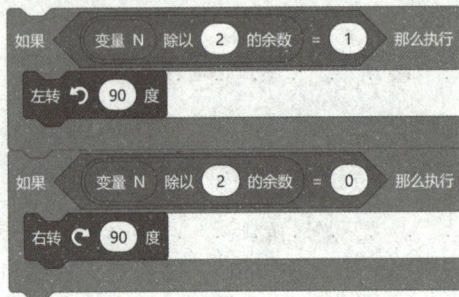

图 5-44　左、右转

（6）如果"河豚"头部离开黑线，则掉头 180 度，如图 5-45 所示。

（7）完整程序如图 5-46 所示。

图 5-45　掉头

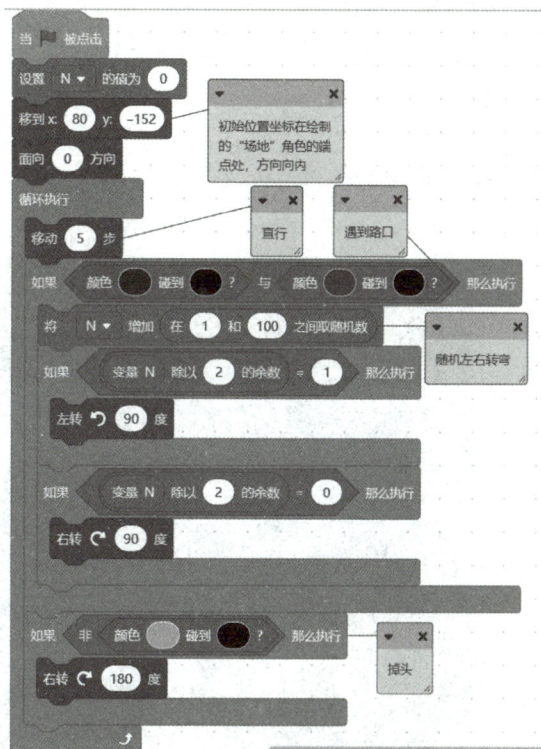

图 5-46　完整程序

4. 运行效果

运行效果如图 5-47 所示,见资源包"案例 5-9 识别路口随机转弯.mp4"。

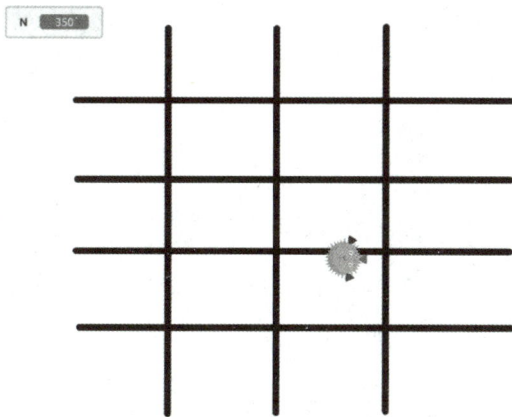

图 5-47　运行效果

案例 5-10　受控的螃蟹

1. 任务

在"实时模式"下,制作一个用 Micro:bit 开发板控制屏幕中角色"螃蟹"的小游戏。

2. 算法分析

(1) 用 Micro:bit 开发板控制屏幕中角色的运动,需要对开发板的徽标朝上、徽标朝下、向左倾斜、向右倾斜多种姿态进行感知。

（2）完成对角色上、下、左、右的运动控制，可以通过多条件选择结构来实现。

3. 程序设计

（1）新建项目，在"实时模式"下，通过"扩展"选择 Micro:bit 开发板，单击"返回"。

（2）从角色库中引入角色"螃蟹"，适当改变"大小"参数，背景选择"海底世界1"，如图 5-48 所示。

图 5-48　选择角色和背景

（3）设置角色的初始方向和位置，如图 5-49 所示。

图 5-49　初始方向和位置

（4）循环检测 Micro:bit 开发板的当前姿态，如果"徽标朝上"，角色向上运动，如图 5-50 所示。

（5）如果"徽标向下"，角色向下运动，如图 5-51 所示。

（6）如果"向右倾斜"，角色向右运动，如图 5-52 所示。

（7）如果"向左倾斜"，角色向左运动，如图 5-53 所示。

（8）完整的程序见资源包"案例 5-10 受控的螃蟹.sb3"。

4. 运行效果

连接设备，控制 Micro:bit 开发板，使其徽标朝上、徽标朝下、向左倾斜、向右倾斜，来控制角色上、下、左、右运动，见资源包"案例 5-10 受控的螃蟹.mp4"。

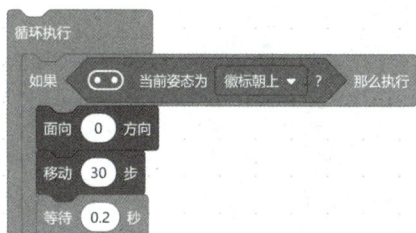

图 5-50　向上运动

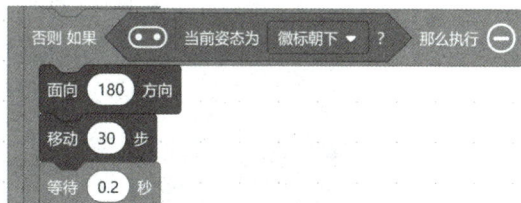

图 5-51　向下运动

图 5-52　向右运动

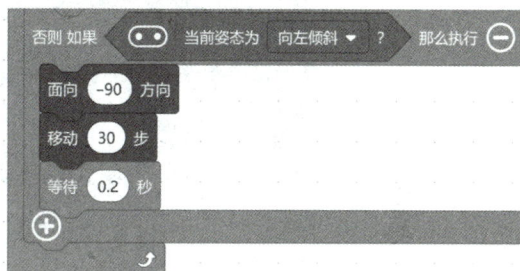

图 5-53　向左运动

案例 5-11　小虫吃苹果

1. 任务

设计一个游戏——小虫吃苹果。苹果随机从屏幕上方落下,通过 Micro:bit 开发板控制小虫的运动方向和位置,如果小虫接触到苹果,则加 1 分。

2. 算法分析

(1) 本案例要用到随机数,随机数在游戏程序中可以增加游戏进程的不确定性,通过随机数可以控制苹果在不同的水平方向上出现,使游戏更富趣味性。

(2) 用 Micro:bit 开发板控制屏幕中角色的运动,需要用开发板的按钮 A、按钮 B 完成对角色向左、向右的运动控制。

(3) 当检测到两个角色接触时,即小虫吃到苹果,则加 1 分。

(4) 如果苹果落地时,小虫仍未接触苹果,则苹果消失。

3. 程序设计

(1) 新建项目,在"实时模式"下,通过"扩展"选择 Micro:bit 开发板,单击"返回"。

(2) 从角色库中引入角色"七星瓢虫 1"和"苹果",适当修改"大小"参数,背景选择"Forest",如图 5-54 所示。

(3) 创建变量 X、Y、C,用于存放苹果的位置坐标和分数,如图 5-55 所示。

(4) 通过 Micro:bit 开发板按钮 A 和按钮 B 控制角色"七星瓢虫 1"的运动,如图 5-56 所示。

(5) 对角色"苹果"设计程序,游戏开始是按空格键,设置表示分数的变量 C 初始值为 0,在舞台上方($Y=187$ 的高度)循环显示随机出现的苹果,如图 5-57 所示。

(6) 苹果不断下落,如图 5-58 所示。

(7) 如果小虫碰到苹果则加 1 分,苹果消失,如图 5-59 所示。

(8) "苹果"角色的完整程序如图 5-60 所示。

图 5-54　角色和背景

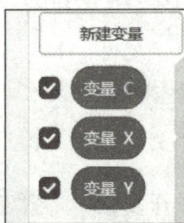

图 5-55　新建变量

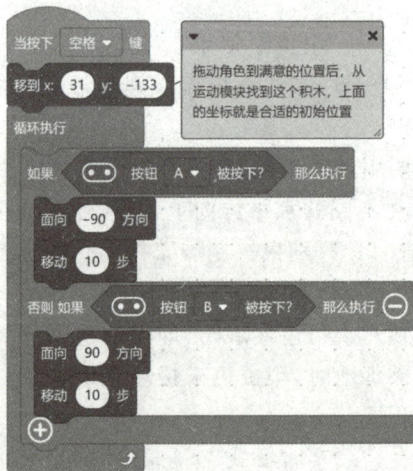

图 5-56　控制小虫的运动

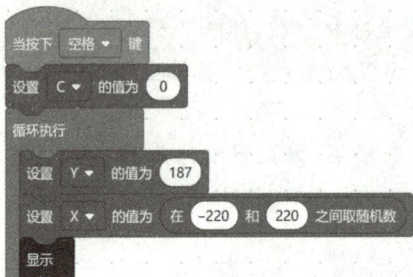

图 5-57　舞台上方苹果随机出现

图 5-58　苹果下落

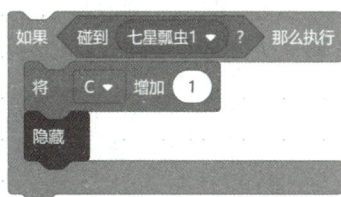

图 5-59　加 1 分且苹果消失

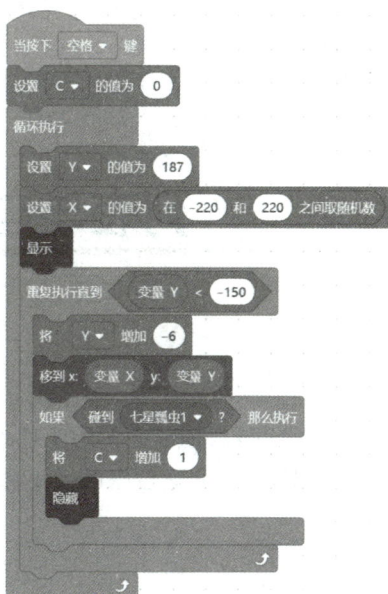

图 5-60　"苹果"角色的完整程序

4. 运行效果

连接设备，按下空格键，开始游戏；按下 Micro:bit 开发板上的 A 按钮或 B 按钮，控制角色左、右运动，碰到苹果得分，见资源包"案例 5-11 小虫吃苹果.mp4"。

5.3　拓展练习

任务：请设计一个双人游戏，控制不同的小动物进行追逐和躲避，如果相遇则游戏结束，如图 5-61 所示。

图 5-61　追逐游戏

提示：小狗用 Micro:bit 开发板的姿态传感器控制，兔子用上、下、左、右箭头(方向键)来控制。参考程序见资源包"第 5 章拓展练习.sb3"。

第6章

列表与自定义函数

Mind+软件不仅可以创建变量用于各项运算,而且也提供了列表模块系列指令,通过列表可以存储多个数据,用于实验数据的采集和读取。

6.1 列表

列表(相当于 C 语言中的数组)是用于储存数据的集合。列表中的每个元素(可以是数字,也可以是字符串,还可以是其他更复杂的数据)都对应一个列表项编号,相当于其他编程语言的索引,但是要注意 Mind+中的列表项第一个编号是 1,第二个编号是 2,以此类推,而不是从 0 开始的。可以通过列表项编号来访问列表中的数据。新建列表如图 6-1 所示。

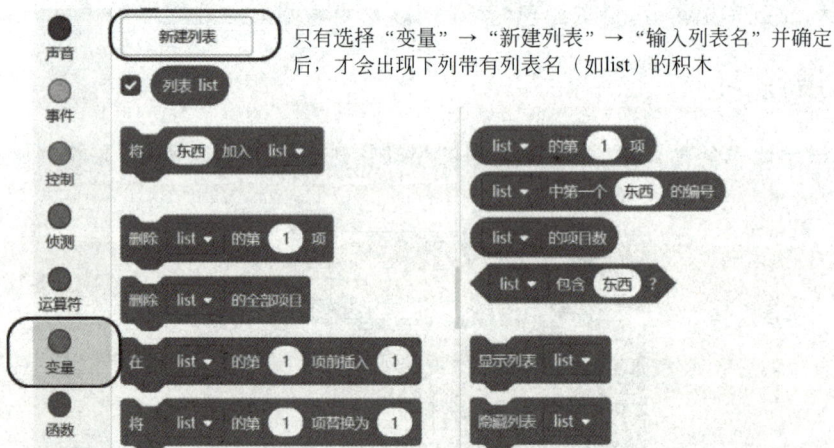

图 6-1 列表积木

案例 6-1 列表基本操作

1. 任务

在"实时模式"下,新建列表、添加数据、读取数据、删除数据。

2. 算法分析

(1)新建列表的名称可以是英文也可以是中文,本案例用中文。

(2)列表的功能在于能按列表项编号存储和读取数据,所以要练习添加、读取和删除操作。

(3)利用多项选择结构和 Micro:bit 开发板上的按键,完成本任务。

3. 程序设计

（1）新建项目，在"实时模式"下，从"扩展"找到 Micro：bit 开发板，单击"返回"。

（2）新建列表"水果"（默认勾选舞台显示），通过按右方向键添加数据，如图 6-2 所示。

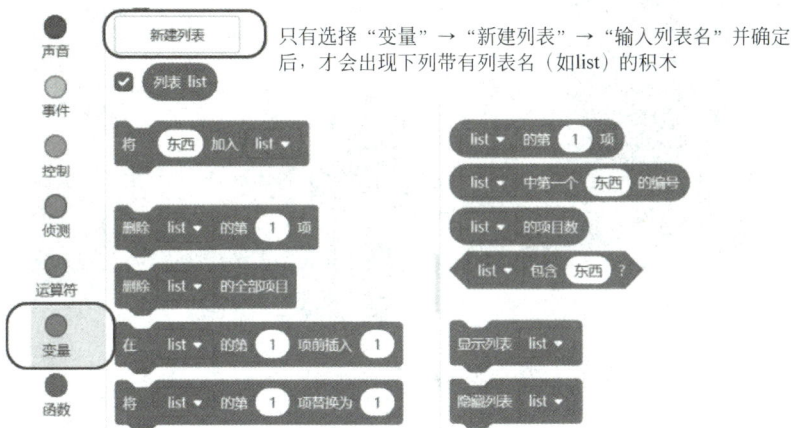

图 6-2　建列表填数据

（3）通过按左方向键删除列表全部数据，如图 6-3 所示。

（4）当按下空格键，新建变量 N 初始化，循环执行图 6-4 所示程序。

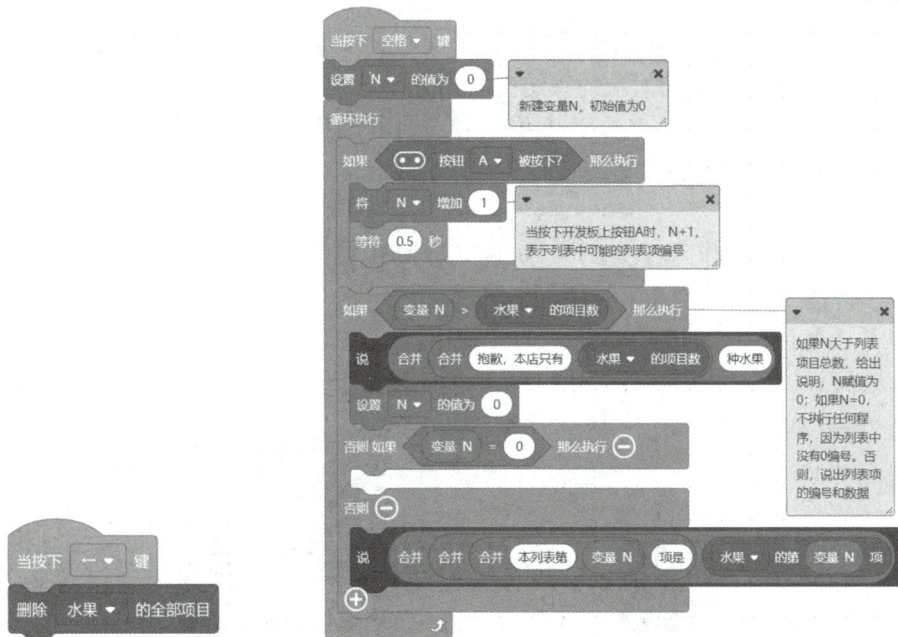

图 6-3　删除列表全部数据　　　　图 6-4　读取数据并显示

4. 运行效果

连接设备，先按右方向键添加数据，再按下空格键，每按下开发板上的 A 按钮一次，舞台上的角色就会说出相应的内容。如图 6-5 所示，当需要删除列表全部数据时按左方向键。

图 6-5 运行效果

案例 6-2 列表数据的采集和导出

1. 任务

在"实时模式"下新建列表,获取 Micro:bit 开发板指南针的朝向角度和对应的系统时间。

2. 算法分析

(1) 采集 Micro:bit 开发板指南针的朝向角度数据添加到 Angle 列表项目中。

(2) 同时记录各个朝向角对应的系统时间到另一个 Time 列表。

(3) 可以用 Mind+列表积木的导出功能,导出列表数据。

(4) 再通过 Excel 表格形式进行图形化处理数据。

3. 程序设计

(1) 新建项目,在"实时模式"下,从"扩展"找到 Micro:bit 开发板,单击"返回"。

(2) 新建两个列表,分别命名为 Angle 和 Time,用于存储指南针的朝向角和对应的系统时间,默认勾选舞台显示,如图 6-6 所示。

(3) 设置当按下空格键时,计时器归零、两列表的数据清空,如图 6-7 所示。

图 6-6 新建列表

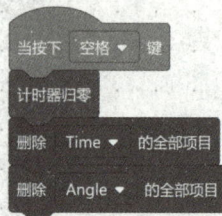

图 6-7 计时器归零、列表清空

(4) 采集 20 组实验数据,如图 6-8 所示。

(5) 连接设备,如果 Micro:bit 开发板首次在当地使用指南针(电子罗盘),要校准电子罗盘,程序如图 6-9 所示。方法是:按下 A 按钮,把开发板水平转动一周,摇动开发板使开发板点阵屏 LED 全部点亮,当出现一个笑脸后,点阵屏熄灭,程序结束。以后在当地使用指南针就不用再校准了。

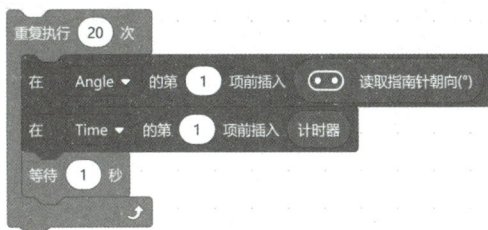

图 6-8 采集实验数据

图 6-9 校准电子罗盘

4. 运行效果

（1）开发板保持水平，连线端指向北方，按下空格键自动采集数据，出现 5 组数据后，顺时针转动开发板，连线端依次指向东、南、西 3 个方向，各采集 5 组数据。舞台列表显示如图 6-10 所示。

（2）数据处理。

① 在列表上右击，出现"导入"和"导出"菜单命令，选择"导出"命令，如图 6-11 所示。

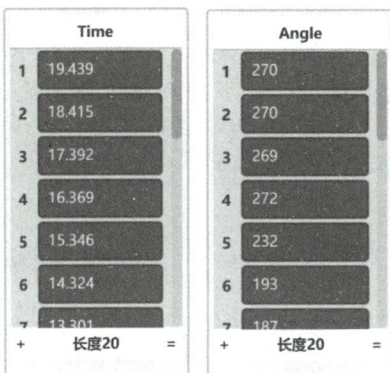

图 6-10 采集的列表数据

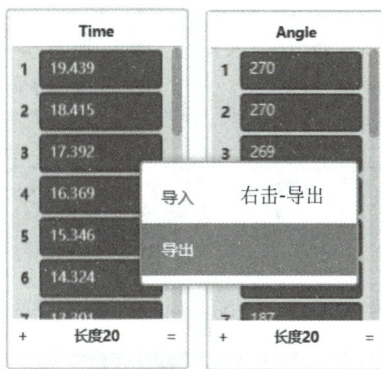

图 6-11 右击选择"导出"命令

② 导出的是文本文件，保存为 Time. txt 和 Angle. txt。

③ 打开 Excel 表格，将以上两文件的数据粘贴到 Excel 表格中，就可以进行数据分析了，如图 6-12 所示。

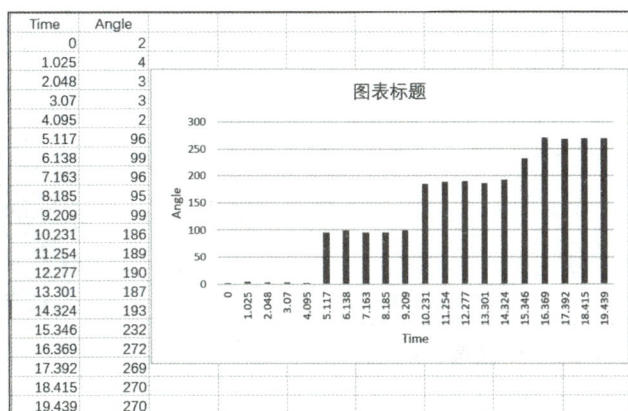

图 6-12 数据分析

实时模式情况下,通过列表进行数据存储是一个很好的选择,可以通过对数据的分析,了解实验数据的变化规律,并可借此分析这种变化的原因。

案例 6-3　绘制随乐跳动图

1. 任务

在"实时模式"下,绘制出小球随音乐而位置坐标变化的图像。

2. 算法分析

(1) 利用背景库的 Xy-grid 作为 X-Y 坐标系。

(2) 小球在背景中的位置坐标为(x,y)。

(3) x 随时间均匀变化,y 随音乐的强弱而呈大小变化。

(4) 应用画笔功能画出小球的运动轨迹。

(5) 利用列表记录位置坐标的数据

3. 程序设计

(1) 新建项目,在"实时模式"下,通过"扩展"选择 Micro:bit 开发板,功能模块中选择"画笔",单击"返回"。

(2) 从角色库中引入角色"球",适当改变大小,背景选择"Xy-grid",如图 6-13 所示。

(3) 新建两个变量 x 和 y,一个列表(x,y),对变量、列表、小球和画笔初始化,如图 6-14 所示。

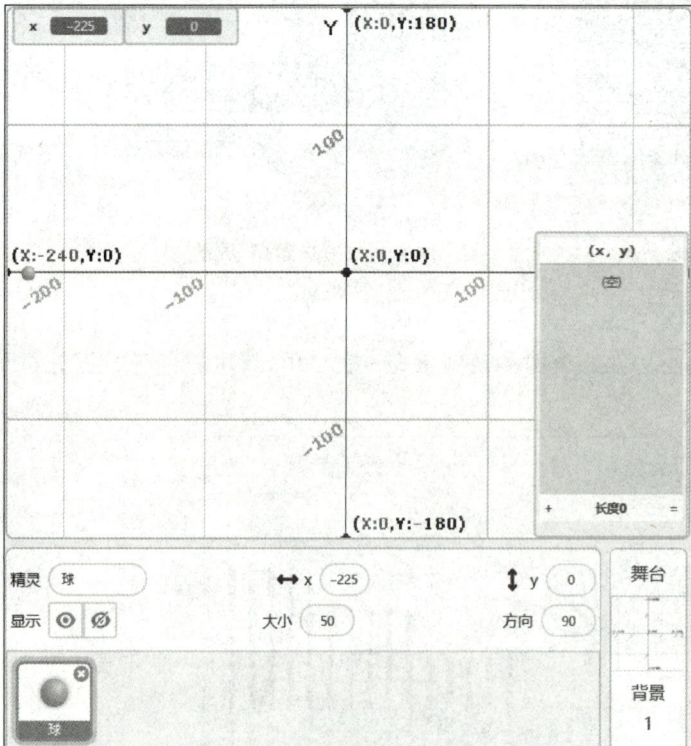

图 6-13　选择角色和背景

图 6-14　初始化

(4) 循环执行图 6-15 所示程序。

(5) 如果小球横坐标超过 225,抬笔、擦线、初始化变量、列表和小球位置,进入下一轮循环,

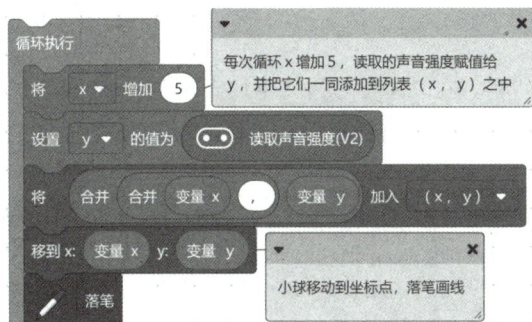

图 6-15　获取坐标、存入列表、画线

图 6-16　超界抬笔返回

如图 6-16 所示。

4. 运行效果

连接设备，播放音乐，适度调节音量。单击绿旗，此时舞台上小球随音乐跳动的运动轨迹被画出，如图 6-17 所示，见资源包"案例 6-3 绘制随乐跳动图.mp4"。

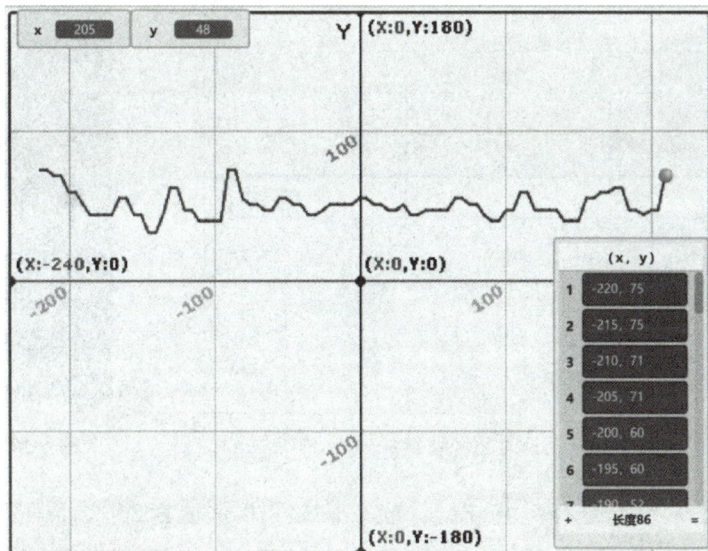

图 6-17　运行效果

案例 6-4　绘制位移-时间图像

1. 任务

在"实时模式"下，绘制出小球位移随时间变化的图像。

2. 算法分析

（1）在各种实验中，用图像寻找规律是常用的方法，本例描绘的是小球匀速运动的位移随时间的变化规律。

（2）X 轴表示时间，Y 轴表示位移。

（3）小球的位移＝速度×时间，也就是 $y = kx$，是一条过原点的直线，直线的斜率值等于速度的大小。

　　（4）应用画笔功能画出位移-时间图线。

　　（5）利用列表记录位移和对应时间的数据。

3. 程序设计

　　（1）新建项目，在"实时模式"下，通过"扩展"，在功能模块中选择"画笔"，单击"返回"。

　　（2）从角色库中引入角色"球"，适当改变大小，背景选择"Xy-grid-30px"，并在背景上画上两个坐标轴，原点位置为（−210，−150），如图 6-18 所示。

　　（3）新建变量 X、Y、i 和速度并初始化，将小球移动到原点，新建两个列表"位移"和"时间"，并在舞台显示，如图 6-18 和图 6-19 所示，画笔也初始化。

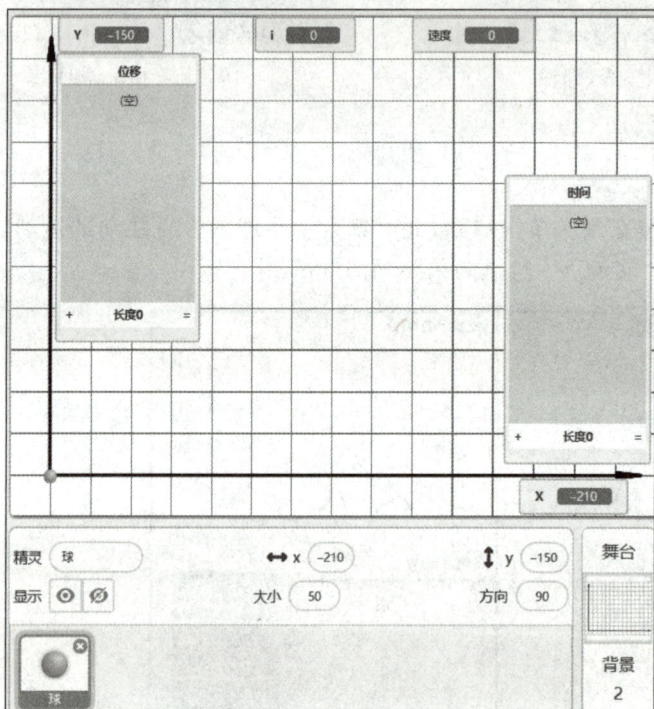

图 6-18　选择角色和背景

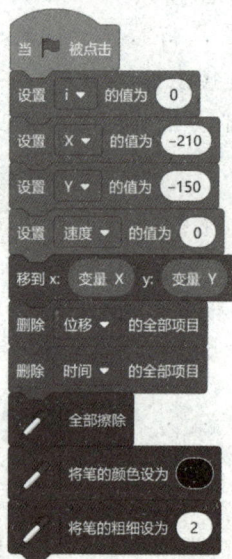

图 6-19　初始化

　　（4）按匀速运动规律，进行赋值、描点、连线、存储。本例重复 20 次，取了 20 个点，程序如图 6-20 所示。

4. 运行效果

　　单击绿旗，运行程序，观察效果，如图 6-21 所示，见资源包"案例 6-4 绘制位移-时间图像.mp4"。

案例 6-5　绘制两个同时变化的曲线

1. 任务

　　在"实时模式"下，绘制出指南针的角度和环境光的强度随时间同时变化的图像。

2. 算法分析

　　（1）利用背景库的 Xy-grid 作为 X-Y 坐标系。

　　（2）绿球的纵坐标 Y_1 代表环境光强度，紫球的纵坐标 Y_2 代表指南针的角度，它们的横坐

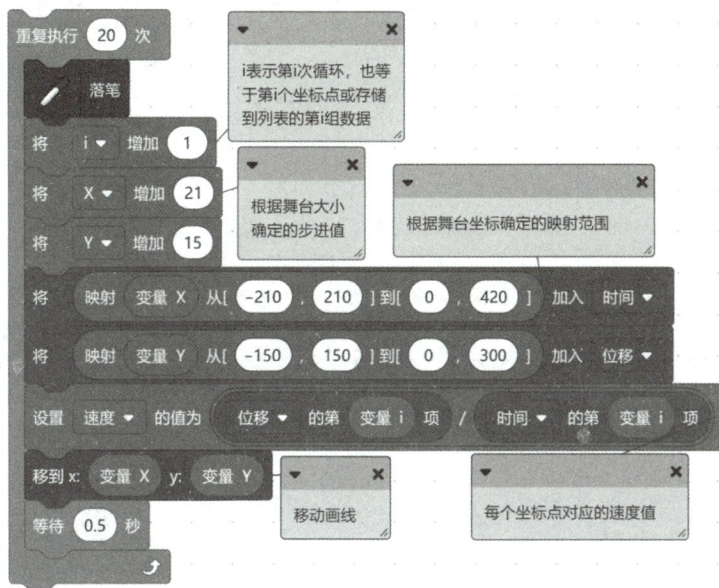

图 6-20　赋值、描点、连线、存储

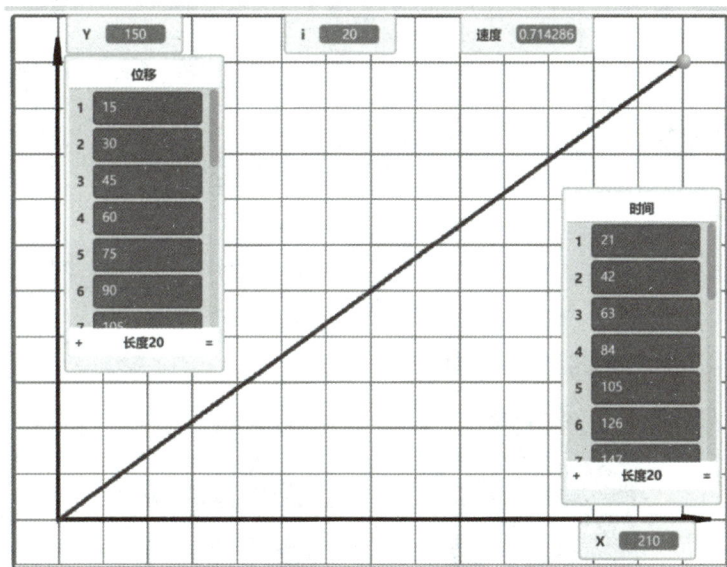

图 6-21　运行效果

标 X 表示采集数据点的共同时刻。

（3）本案例的数据采集不是等时间自动采集，而是手动按下开发板上的按钮 A 时，同时采集，横坐标上相等的距离并不表示相等的时间。

（4）应用画笔功能画出两个小球各坐标点的位置连线。

（5）利用列表记录位置坐标的数据。

3. 程序设计

（1）新建项目，在"实时模式"下，通过"扩展"选择 Micro：bit 开发板，功能模块中选择"画笔"，单击"返回"。

（2）从角色库中引入角色"球"，选择造型中紫球，适当改变大小；复制这个角色，选择造型中绿球，背景选择"Xy-grid"，如图6-22所示。

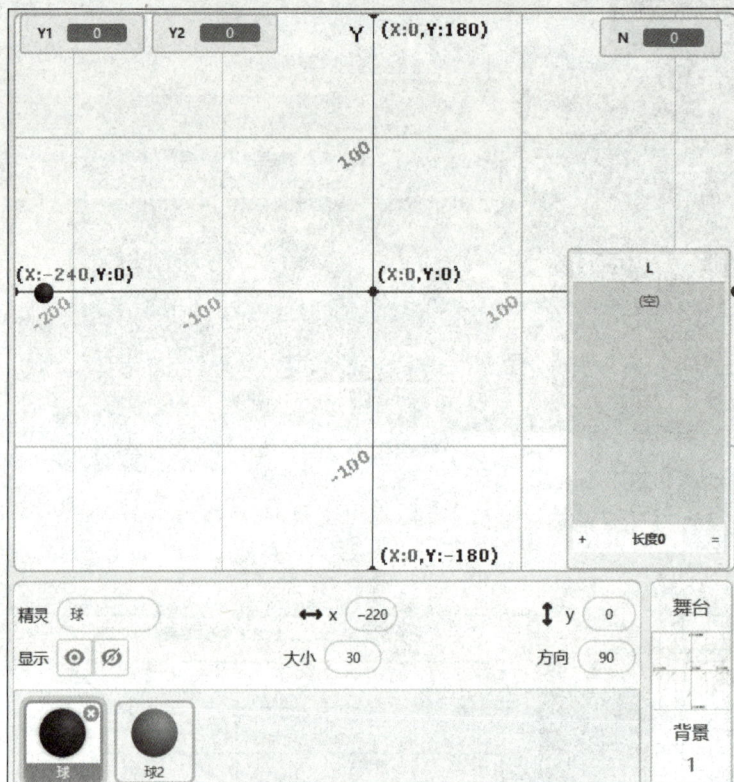

图 6-22　选择角色和背景

（3）新建4个变量X、Y_1、Y_2和N以及一个列表L，对变量、列表、两个小球和画笔初始化，如图6-23所示。

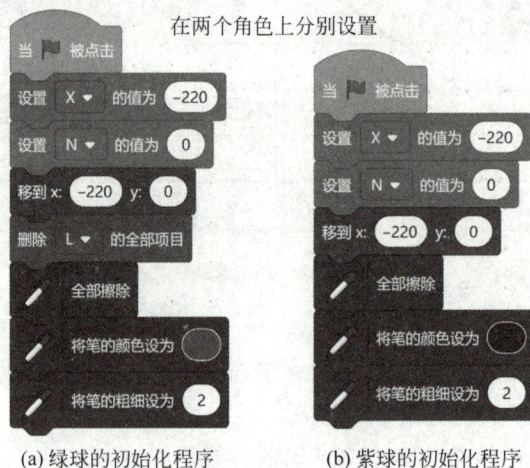

图 6-23　绿球和紫球的初始化程序

（4）绿球循环执行图6-24所示程序。

（5）紫球循环执行图6-25所示程序。

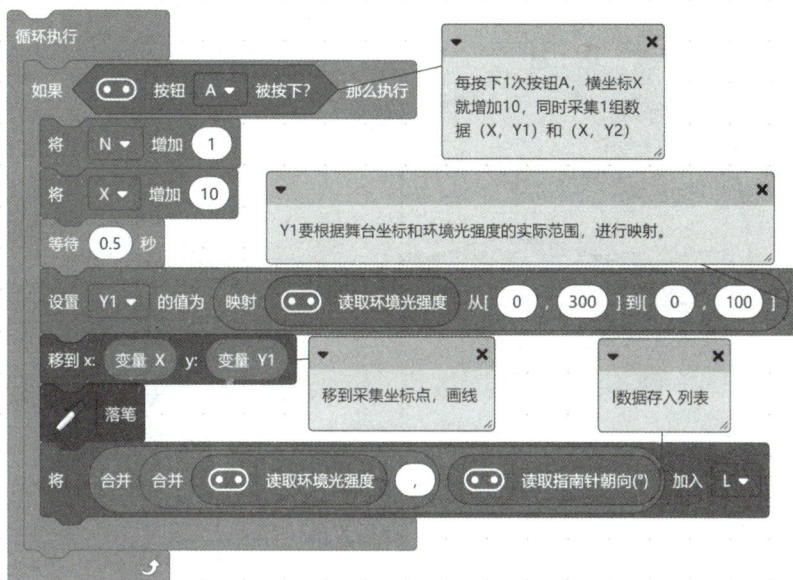

图 6-24 绿球循环执行的程序

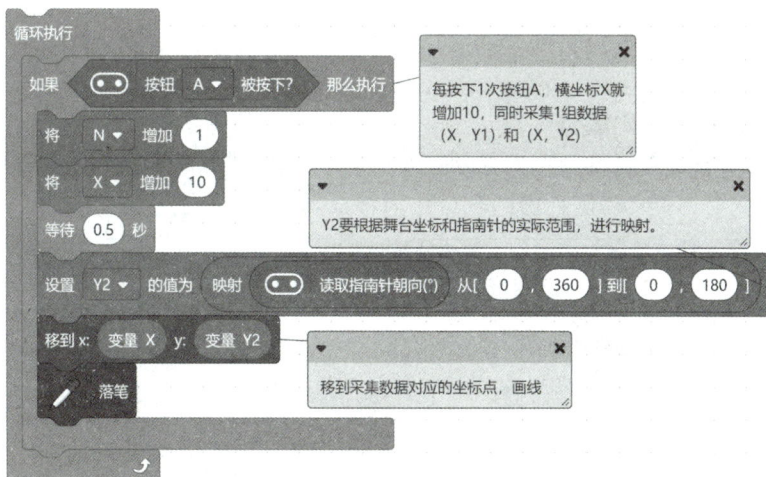

图 6-25 紫球循环执行的程序

4. 运行效果

单击绿旗,运行程序,观察效果,如图 6-26 所示。

案例 6-6 机器人的记忆与交流

1. 任务

在"实时模式"下,机器人(河豚)沿蓝色轨道行进并记录坐标点和方向,机器人(螃蟹)能走过机器人(河豚)记录的每一个坐标点且方向一致。

2. 算法分析

(1)由于要记录的坐标点和方向有多组数据,所以用列表来记录。

(2)机器人(河豚)沿蓝色轨道行进需要两个传感器,分别用红、绿色块代替。

(3)要用到"重复执行直到……"指令积木,完成绕场一周。

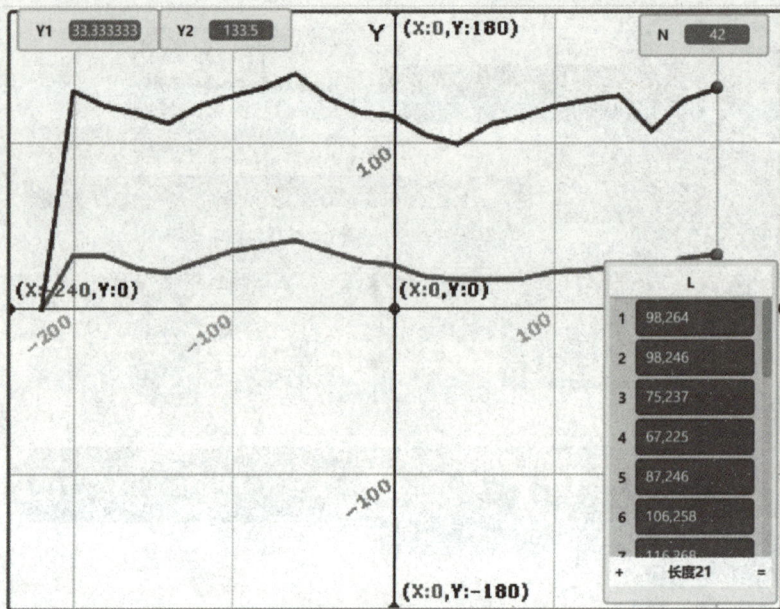

图 6-26　运行效果

（4）两个机器人的显示和隐藏，要用到"广播消息"。

3. 程序设计

（1）在"实时模式"下新建项目。

（2）从角色库中引入角色机器人"河豚"和"螃蟹"，给"河豚"画红绿两个三角形色块作为传感器，适当改变大小；绘制蓝色椭圆轨道作为背景，画一个红色终点线，如图 6-27 所示。

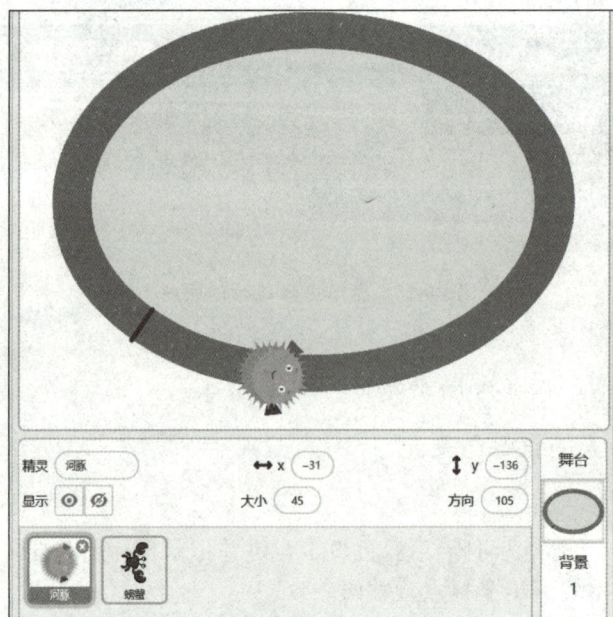

图 6-27　选择角色和绘制背景

（3）选择机器人（河豚），新建 3 个列表（X、Y、T），记录运动的坐标值和方向。单击绿旗，进行初始化设置，如图 6-28 所示。

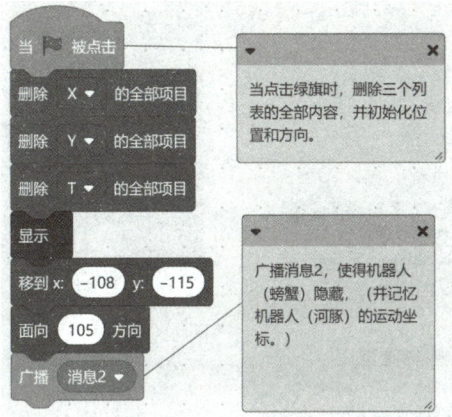

图 6-28　初始化设置 1

（4）机器人（河豚）沿轨道运行一周，如图 6-29 所示。

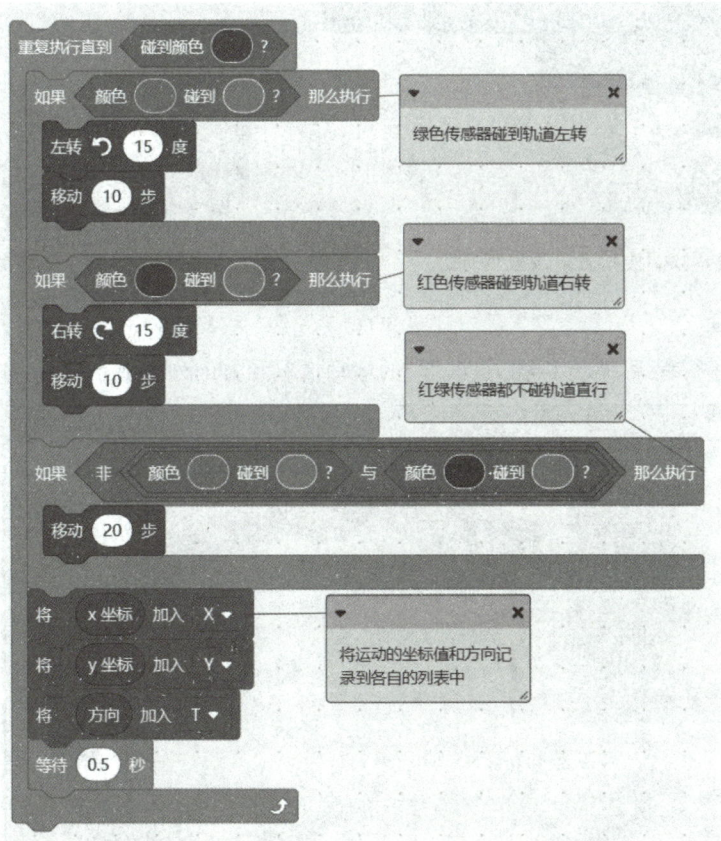

图 6-29　循线程序

（5）两个角色的通信，如图 6-30 所示。

（6）选择机器人（螃蟹），新建一个变量 n，当按下 R 键时，对位置、方向和变量初始化，如图 6-31 所示。

（7）根据记录的机器人（河豚）运动的坐标和方向的列表数据，逐点行进一周，程序如图 6-32 所示。

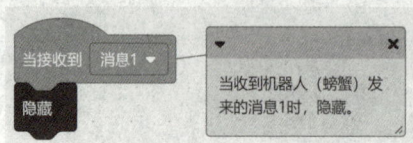

图 6-30 两个角色的通信 1

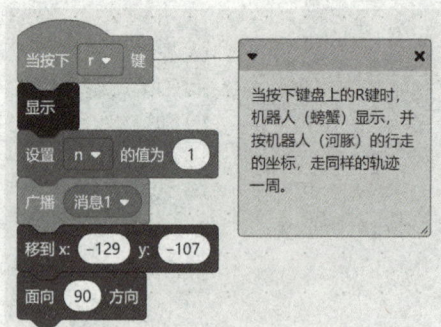

图 6-31 初始化设置 2

（8）两个角色的通信，如图 6-33 所示。

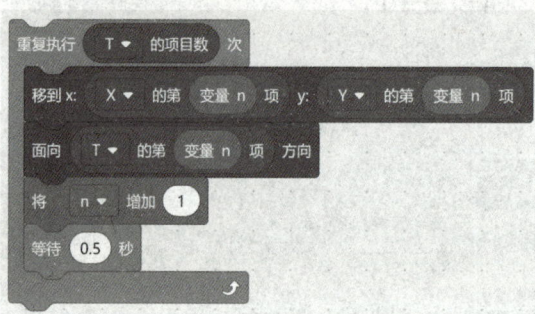

图 6-32 按列表记录数据行进

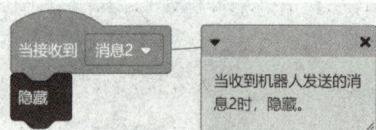

图 6-33 两个角色的通信 2

4. 运行效果

单击绿旗，运行程序，观察机器人（河豚）的运动情况和方向列表显示效果，如图 6-34 所示。

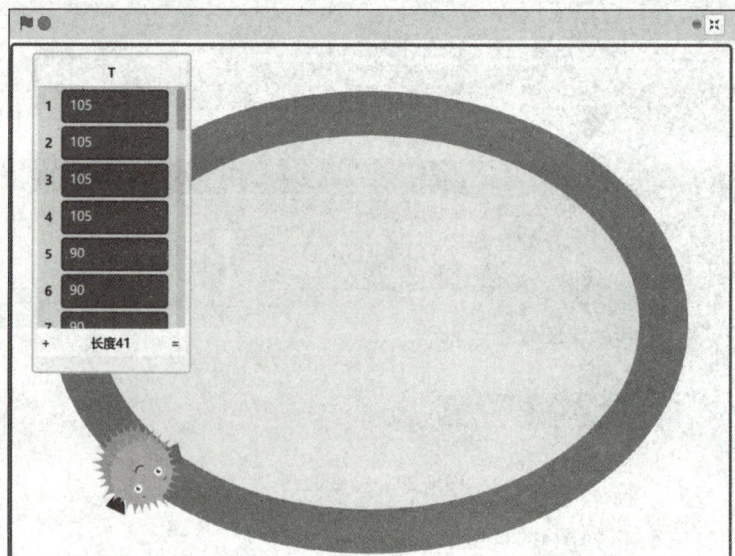

图 6-34 河豚运行效果

河豚停止运动后，按下 R 键，河豚隐藏，螃蟹显示并逐点运行一周，效果如图 6-35 所示。

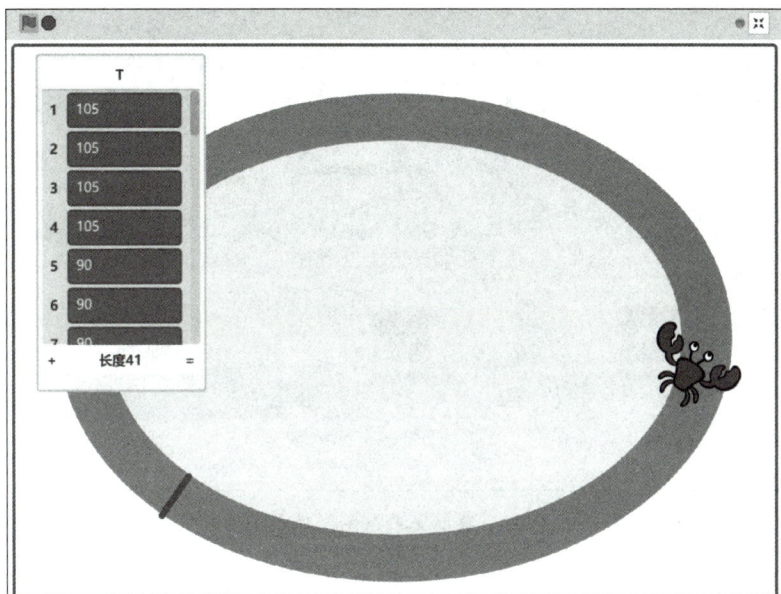

图 6-35　螃蟹运行效果

6.2　自定义函数

Mind+提供了函数类积木的自定义模块功能,即根据编程需要自己定义函数模块,利用这一功能可以很方便地在程序中多次调用事先编写好的函数模块,提高程序设计的准确性和简化编程过程,函数类积木的自定义模块如图 6-36 所示。

Mind+函数的自定义模块,提供了 3 种添加输入项的方式,如图 6-37 所示。

图 6-36　函数的自定义模块　　　　图 6-37　自定义函数名、添加输入项

6.2.1　添加输入项(布尔值)

(1)单布尔值输入函数和简单应用,如图 6-38 和图 6-39 所示。

(2)双布尔值输入函数和简单应用,如图 6-40 和图 6-41 所示。

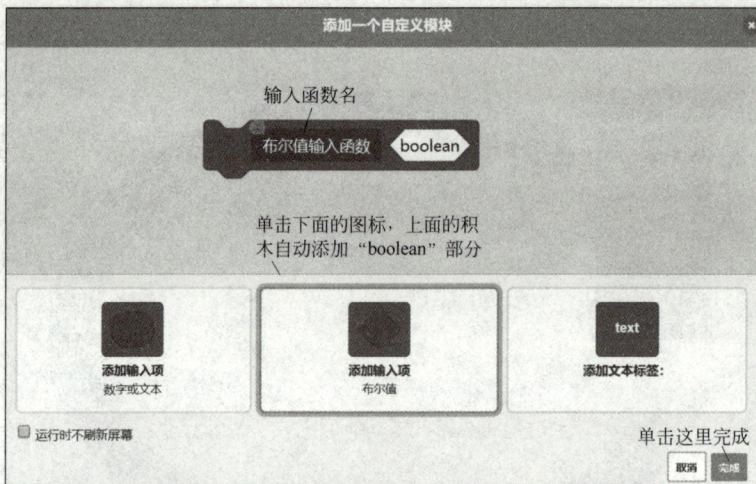

图 6-38　自定义单布尔值输入函数

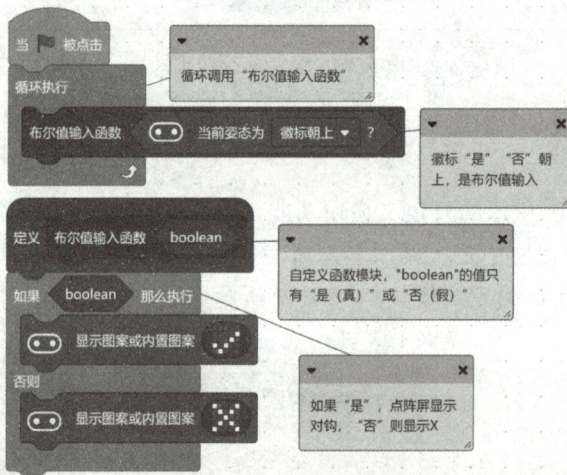

图 6-39　单布尔值输入函数的简单应用(实时模式)

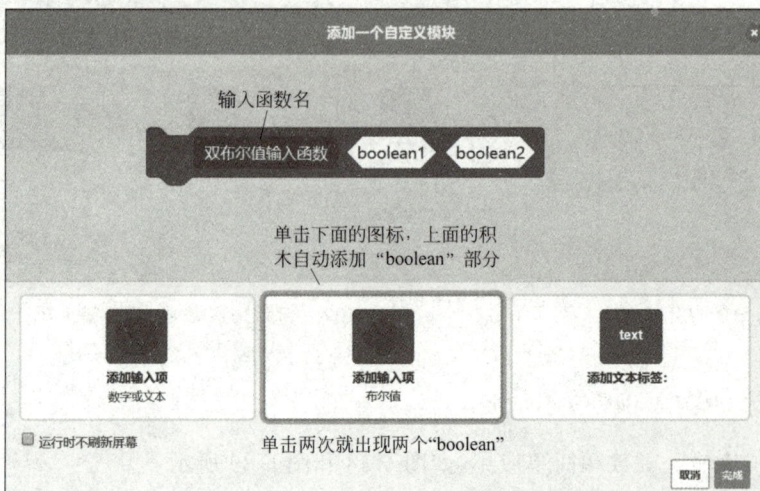

图 6-40　自定义双布尔值输入函数

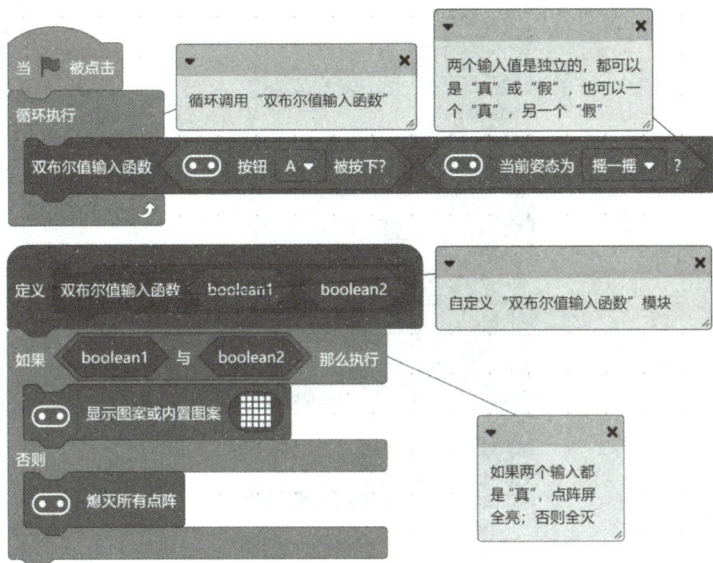

图 6-41 双布尔值输入函数的简单应用(实时模式)

6.2.2 添加文本标签

添加文本标签函数和简单应用,如图 6-42 和图 6-43 所示。

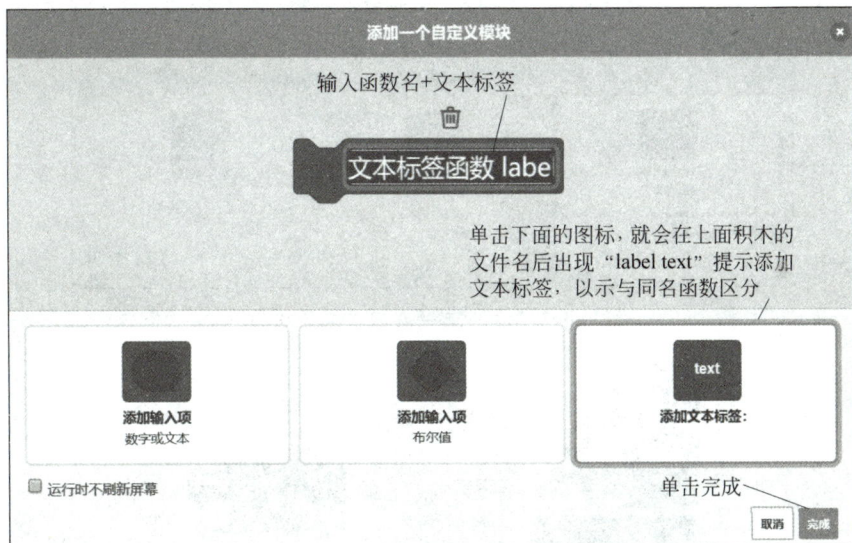

图 6-42 自定义带文本标签函数

6.2.3 添加数字或文本输入项

(1)文本输入函数和简单应用,如图 6-44 和图 6-45 所示。

(2)数字输入函数和简单应用,如图 6-46 所示。

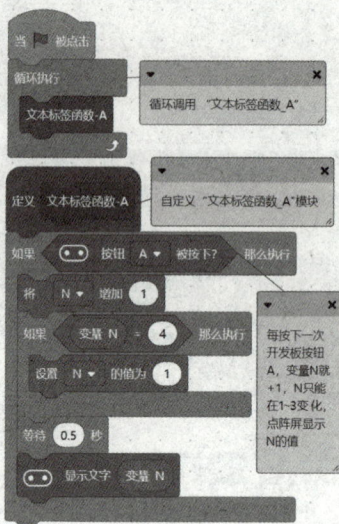

图 6-43　带文本标签函数的简单应用（实时模式）

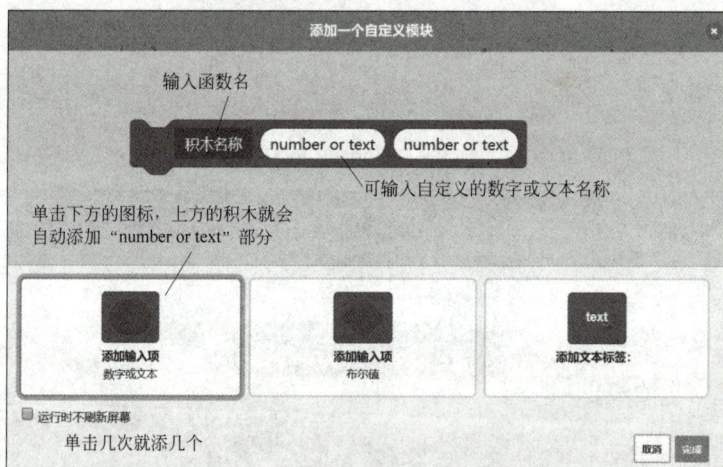

图 6-44　自定义数字或文本输入函数

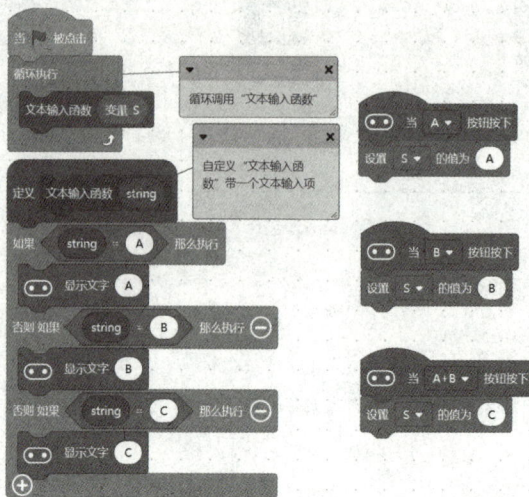

图 6-45　带一个文本输入函数的简单应用（实时模式）

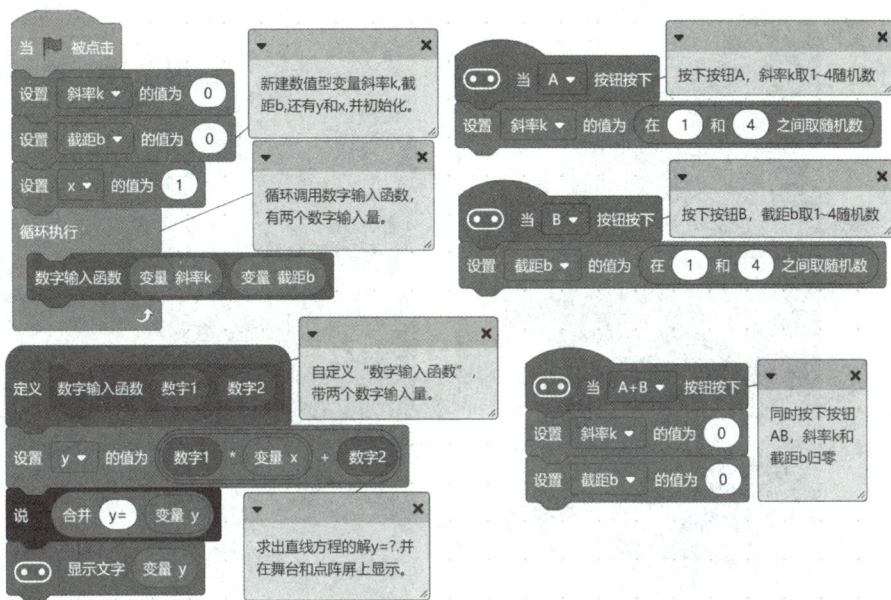

图 6-46 带两个数字输入函数的简单应用(实时模式)

6.2.4 案例解析

案例 6-7 显示声音强度的点阵屏

1. 任务

用 Micro:bit 开发板上的点阵屏,显示声音强度的变化。

2. 算法分析

(1) 利用 Micro:bit 开发板上的声音强度传感器,采集环境声音的强度。

(2) 对声音强度按实际变化范围映射到 0~9。

(3) 利用 Mind+ 函数的自定义模块,定义一个数字输入函数。

(4) 在函数内利用选择结构分 10 种情况,点亮点阵屏。

3. 程序设计

(1) 新建项目,在"上传模式"下,通过"扩展"选择 Micro:bit 开发板,单击"返回"。

(2) 定义一个名为"条形图"数值输入函数,应用多项选择结构分 10 种情况,设置点阵屏的点亮图案,如图 6-47 所示。

(3) 要确定检测声音强度的区间,可以在"上传模式"中编写图 6-48 所示的测试程序。

(4) 保持 Micro:bit 主控板与计算机通过 USB 连接的状态,运行程序,播放音乐,在串口区可以看到检测值如图 6-49 所示。

由窗口中的数据可以将声音强度范围取作 0~200。

(5) 设置主程序,新建变量 T,把声音强度的范围映射到 0~9,并赋值给 T,循环检测声音强度,调用自定义的"条形图"函数,如图 6-50 所示。

4. 运行效果

将程序上传到设备,运行程序,可见点阵屏上不同强度的声音会显示不同的条形图,见资源包"案例 6-7 显示声音强度的点阵屏.mp4"。

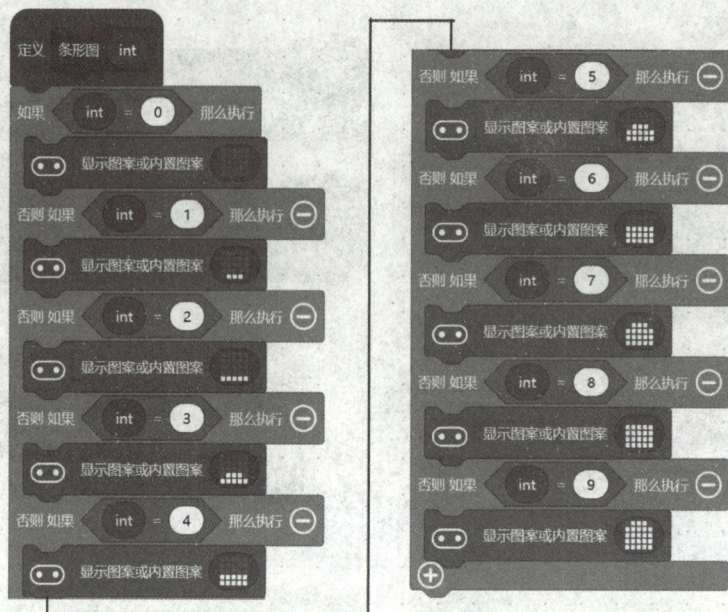

图 6-47　自定义函数并设置功能

图 6-48　声音强度区间的测试程序

图 6-49　串口显示的声强数据

图 6-50　主程序

案例 6-8　控制电机转动

1. 任务

用虾米扩展板上的"角度传感器(电位器)"控制电机启动、停止、加速和减速。

2. 算法分析

(1) 旋转虾米扩展板上的角度传感器(电位器)来改变电机的旋转速度。

(2) 用 Micro：bit 上的按钮 A 控制电机的转和停。

(3) 利用 Mind+ 函数的自定义模块,定义一个双数字输入函数。

(4) 在函数内利用选择结构设置电机的运行状态和转速控制。

(5) 虾米扩展板上的 OLED 显示自定义函数两个输入量的数值。

3. 实验器材

(1) 器材列表见表 6-1。

表 6-1　器材列表

器材	图片
Micro：bit V2 开发板	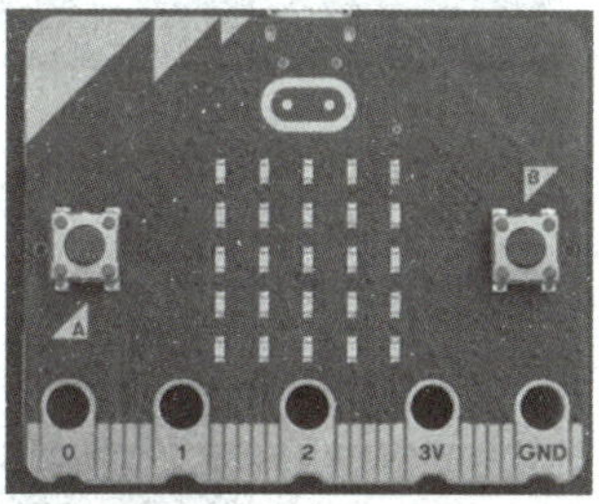
虾米扩展板	
9V 干电池组	
常用小电机或小风扇	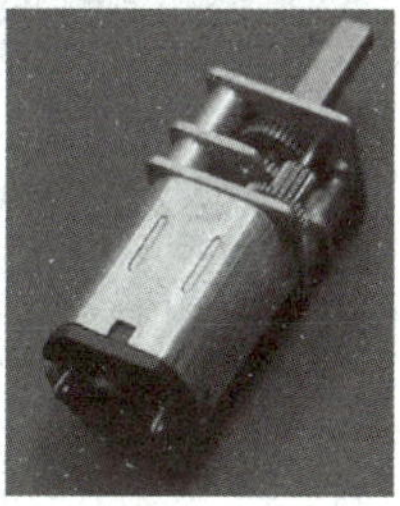

(2) 线路连接如图 6-51 所示。

4. 程序设计

(1) 新建项目,在"上传模式"下通过"扩展"选择 Micro：bit 开发板和虾米扩展板,单击"返回"。

(2) 定义一个名为"控制电机转速"的双数值输入函数,应用选择结构设置电机的运行状

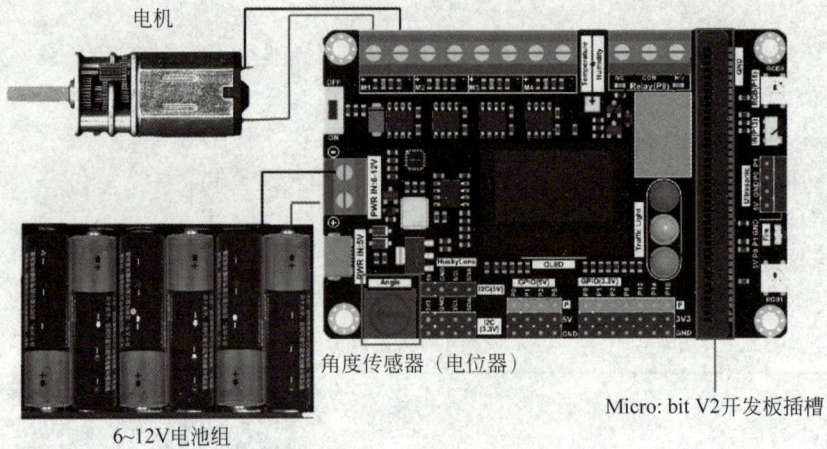

电机

角度传感器（电位器）

Micro: bit V2开发板插槽

6~12V电池组

图 6-51　线路连接

态和转速控制,如图 6-52 所示。

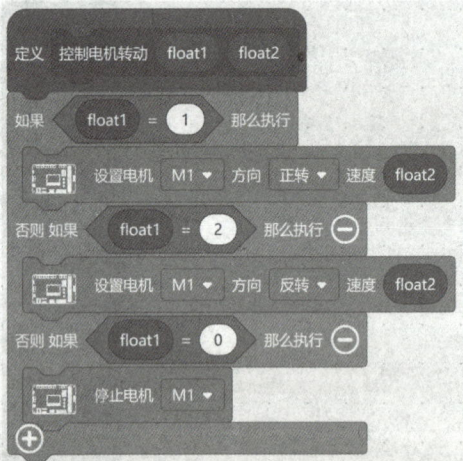

图 6-52　自定义双数字输入函数

（3）新建变量 A、B 并赋值为 0,对虾米扩展板上的 OLED 初始化,如图 6-53 所示。

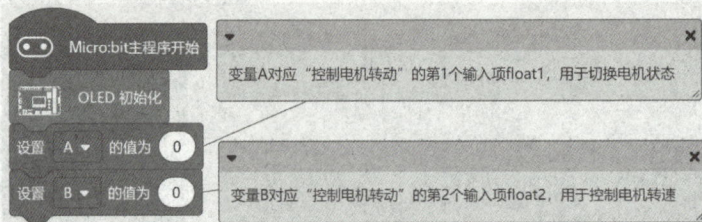

图 6-53　初始化

（4）循环执行主程序:读取角度传感器的数据并赋值给变量 B、调用函数、显示函数输入值,如图 6-54 所示。

（5）变量 A 的赋值程序如图 6-55 所示。

5. 运行效果

将程序上传到设备,打开电源开关,运行程序。按下 A 按钮,OLED 显示 A:1.00,电机

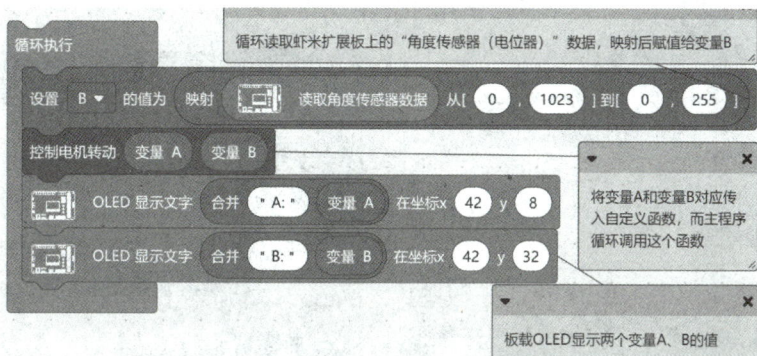

图 6-54 主程序

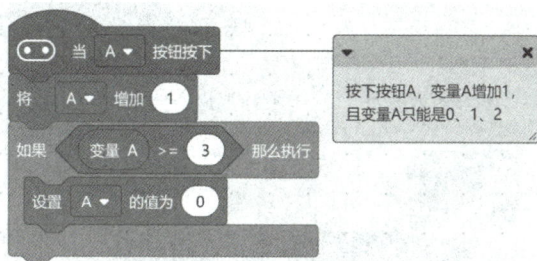

图 6-55 为变量 A 赋值

正转,顺时针转动"角度传感器"OLED 显示 B 值变大,电机转速变快;逆时针转动"角度传感器"OLED 显示 B 值变小,电机转速变慢。再次按下 A 按钮,OLED 显示 A:2.00,电机反转。第三次按下 A 按钮,显示 A:0.00,电机停止转动。

案例 6-9 文本输入函数控制角色(蝴蝶)

1. 任务

在"实时模式"下自定义函数,通过文本控制角色(蝴蝶)上、下、左、右运动。

2. 算法分析

(1) 一般较为复杂的程序都由一个主程序和多个子程序组成,而每个子程序还可以再分成下一级的子程序。多数语言中的子程序包括带返回值的函数和不带返回值的过程,但在 Mind+ 中,无论带不带返回值,均没有出现子程序的积木和论述,而是用函数来代替。所以 Mind+ 中的自定义函数模块,可以更自由地帮你简化复杂程序,使其不再冗长,可读性更好。下面通过本案例做一个演示。

(2) 本案例任务自定义"初始化""控制"和"运动"3 个函数。

(3) 再对每一个函数分别设计实现任务要求。

3. 程序设计

(1) 新建项目,在"实时模式"下,通过"扩展"选择 Micro:bit 开发板,单击"返回"。

(2) 定义一个名为"运动"的文本输入函数,应用多项选择结构设置,当收到传入的 F、B、L、R 文本时,角色做出前、后、左、右运动,如图 6-56 所示。

(3) 定义一个名为"控制"的文本标签函数(无输入值),应用多项选择结构设置,当 Micro:bit 开发板姿态变化时赋值给变量 S 不同的文本,用作传入"运动"函数的文本值,如图 6-57 所示。

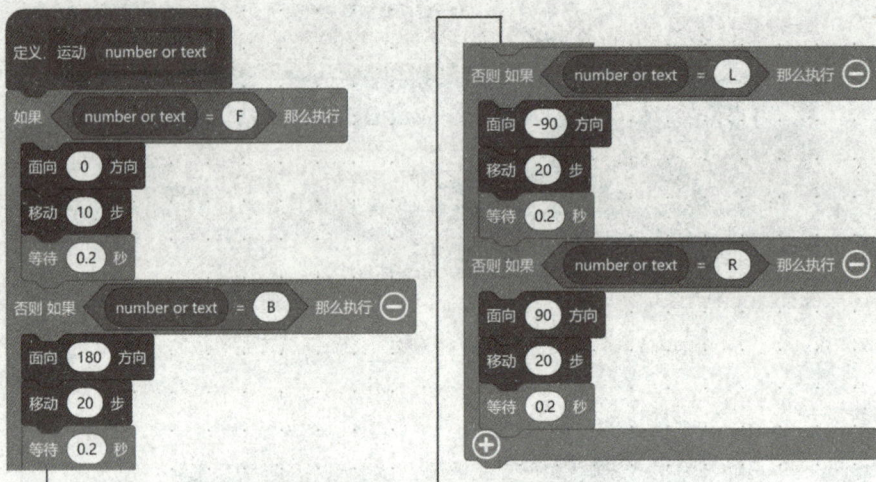

图 6-56 自定义文本输入函数

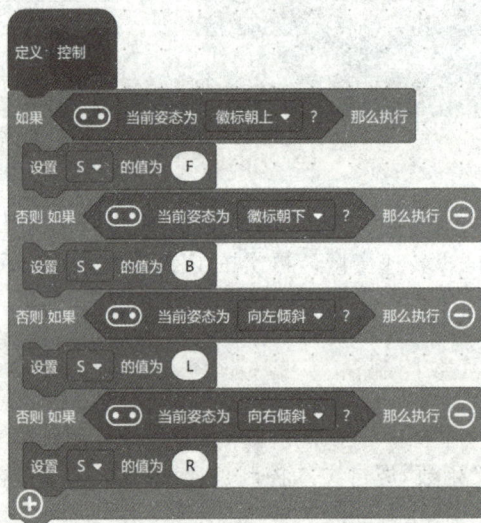

图 6-57 自定义文本标签(无输入值)函数

（4）定义一个名为"初始化"的函数(是一个主程序必要的过程)，目的是把诸多变量初始赋值、角色的初始位置设置和各种工具的初始化都集中在一个积木中。可以简化主程序，还可重复调用，如图 6-58 所示。

本例只为演示，没有设置更多的变量和工具的初始化，在后面的第 9 章的实验案例会有更多的体会。

（5）主程序与函数折叠后如图 6-59 所示。

可见，程序简洁了，可读性更好了，"初始化"函数的重复调用可以随时把角色拉回初始位置，而不必再写一次。函数的展开和折叠方法是在定义的函数积木上右键菜单中选择即可，如图 6-60 所示。

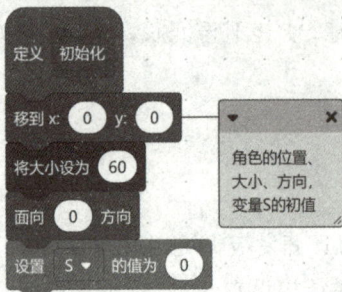

图 6-58 自定义"初始化"程序

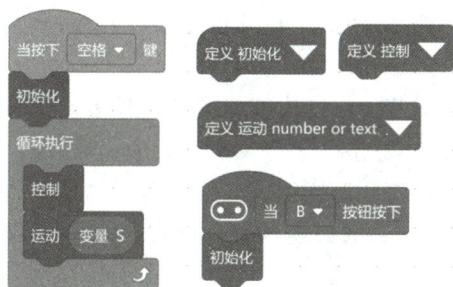

图 6-59 主程序与函数折叠图

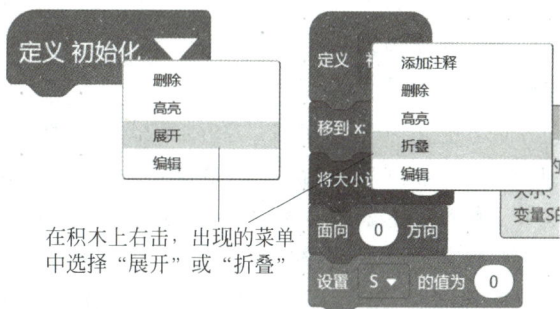

在积木上右击，出现的菜单
中选择"展开"或"折叠"

图 6-60 函数积木的展开和折叠

4. 运行效果

连接设备，按下空格键运行程序，改变开发板的姿态，控制角色的运动。按下按钮 B，角色可随时回到舞台中心。见资源包"案例 6-9 文本输入函数控制角色（蝴蝶）.mp4"。

案例 6-10　自动检测环境温湿度控制电机转动

1. 任务

用虾米扩展板上的温湿度传感器控制两个电机启动、停止，模拟空调和加湿器的控制原理。

2. 算法分析

（1）用虾米扩展板上的温湿度传感器来检测环境温湿度。

（2）利用 Mind+ 函数的自定义模块，定义文本和数字同时输入的函数。

（3）在函数内利用选择结构设置代表空调和加湿器的两个电机的运行状态。

（4）虾米扩展板上的 OLED 显示自定义函数两组输入量（温度和湿度）的数值。

3. 实验器材

（1）器材列表见表 6-1（与案例 6-8 相同，只是增加一个电机）。

（2）线路连接如图 6-61 所示。

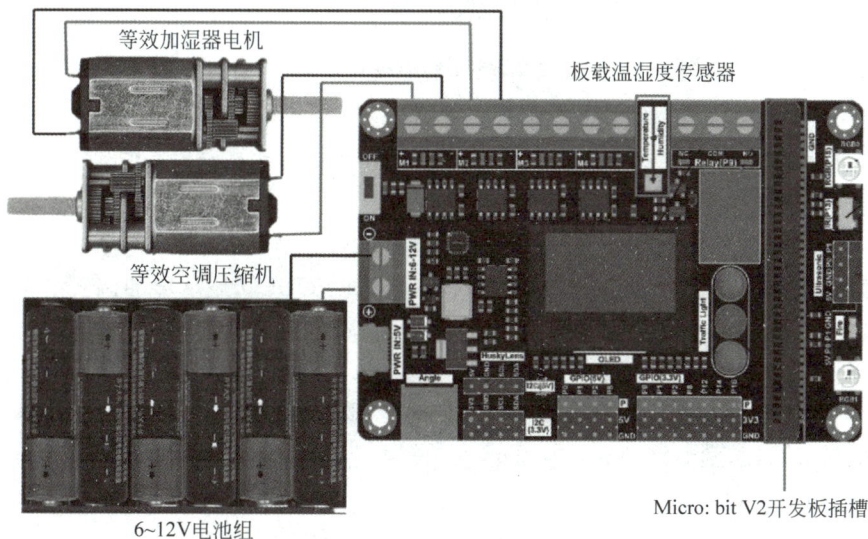

等效加湿器电机

板载温湿度传感器

等效空调压缩机

Micro: bit V2开发板插槽

6~12V电池组

图 6-61 线路连接

4. 程序设计

（1）新建项目，在"上传模式"下，通过"扩展"选择 Micro：bit 开发板和虾米扩展板，单击"返回"。

（2）定义一个名为"文本和数字输入函数"的双输入函数，应用选择结构设置代表空调和加湿器两个电机的运行状态，如图 6-62 所示。其中温度的高低阈值是根据作者的实验环境，本着手触摸传感器温度就达到高温阈值，手离开后不久就到低温阈值；湿度的高低阈值是人靠近哈气就会达到高湿度阈值，离开就会是低湿度阈值。实际阈值需读者自行确定，只要功能可以实现即可，与实际空调和加湿器的阈值不必相同。

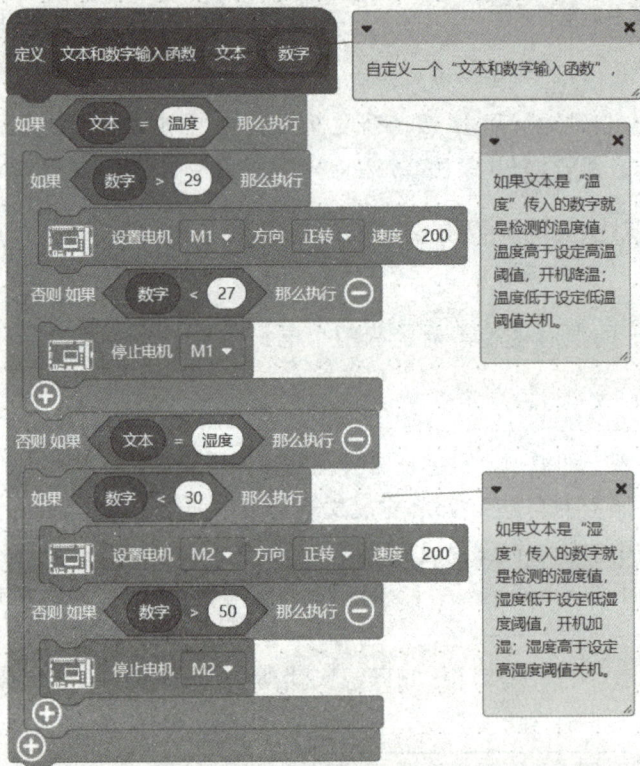

图 6-62　自定义文本和数字双输入函数并设置功能

（3）主程序和定义的函数折叠后如图 6-63 所示。其中，一个循环中先后两次调用同一函数，输入不同的两组数值，驱动不同的电机，却能互不影响，这就是函数的"形参"和"实参"的奥妙所在。有兴趣的读者可以查阅关键词深入学习。

5. 运行效果

将程序上传到设备，打开电源开关，运行程序。观察 OLED 显示屏的温度和湿度值以及两个电机的运行情况。手触摸传感器，温度达到高温阈值，模拟空调制冷的电机转动；手离开后不久就到低温阈值，模拟空调制冷的电机停止运行。人靠近传感器哈气就会达到高湿度阈值，模拟加湿器的电机停止转动；离开后达到低湿度阈值，模拟加湿器的电机开始工作。注意把两个电机做好标记，利于观察。

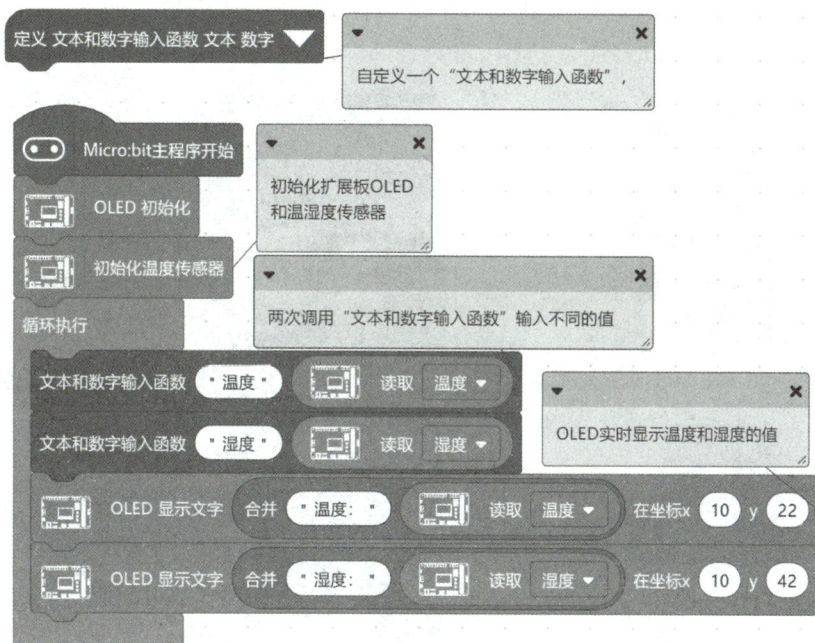

图 6-63 主程序与折叠的函数模块

6.3 拓展练习

任务：让甲壳虫沿蓝色方块的边缘自动爬行，如果碰到蓝色区域程序结束。

运行效果：如图 6-64 所示，见资源包"第 6 章拓展练习.mp4"。

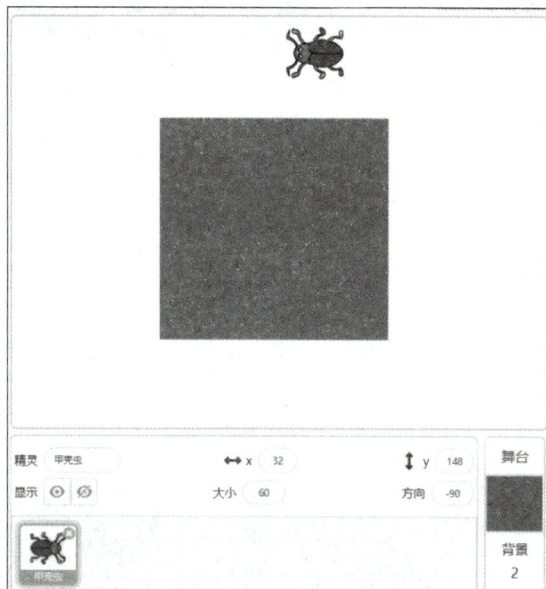

图 6-64 运行效果

参考程序：在"实时模式"下，应用开发板的系统时间计时，要连接开发板，如图 6-65 所示。

也可以在"实时模式"下应用侦测积木中的"计时器"计时，不连接开发板，见资源包"第6 章拓展练习(不连开发板).sb3"。

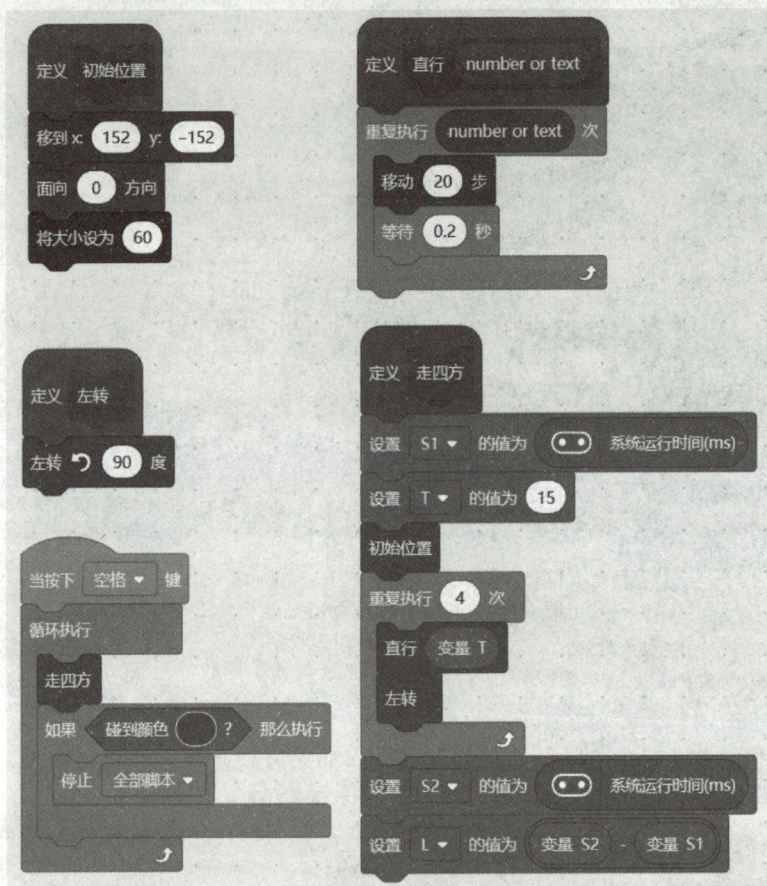

图 6-65　参考程序

第7章

无线电、红外遥控和串口通信

Micro:bit 设备与计算机连接为程序运行提供了多种人机交互的形式,此外 Micro:bit 还提供了多个控制板间无线电通信(Mind+中称为无线通信)的方式,虾米扩展板还集成了红外遥控方式,这些功能使 Micro:bit 得到广泛应用。同时在"上传模式"下串口通信为计算机与 Micro:bit 之间的信息交换提供了方便的途径,这也是本书多种实验所采用的数据获取的方式。

7.1 无线电通信

Micro:bit 具有 2.4GHz 无线电发射和接收功能,这是一个非常方便的通信方式,通过无线电的方式可以发送和接收数字、字符串及序列等信息。在使用无线电时,两个相互通信的 Micro:bit 板需要设置成同一组,组别可以是 0~255,因此一个 Micro:bit 板可以和 256 个 Micro:bit 板分别进行通信,并可以调整无线电发射的功率,最大发射功率时可以达 70m 的距离,但是发射距离还与环境有关,会受到周围建筑物等因素的影响。根据这些特点,可以开发出很多好玩的作品。

案例 7-1 信息的发送与接收

1. 任务
两个 Micro:bit 开发板之间进行通信,其中发送端将 Micro:bit 开发板的当前姿态信息发送至另一 Micro:bit 控制板,接收端收到信息后,根据所收信息的不同,在屏幕上出现不同的图案。

2. 算法分析
(1) Mind+默认开通的是 Micro:bit 开发板的无线电通信功能,两个板实现信息的传送和接收就都要打开无线通信,并设置共同的无线频道。

(2) 发送端利用运动传感器的各种姿态赋值给字符串变量 ctrl。

(3) 当按下 A 按钮时,通过无线发送变量 ctrl 数据。

(4) 当接收端收到无线数据时,利用多项选择结构,识别对应的字符,在点阵屏上显示不同的图案。

3. 程序设计
(1) 新建项目,在"上传模式"下,通过"扩展"选择 Micro:bit 开发板,单击"返回"。

(2) 打开无线通信,设置无线频道,如图 7-1 所示。

(3) 新建字符串变量 ctrl,循环检测开发板的各种姿态,并利用多项选择结构赋值给变量

图 7-1　打开无线通信，设置无线频道

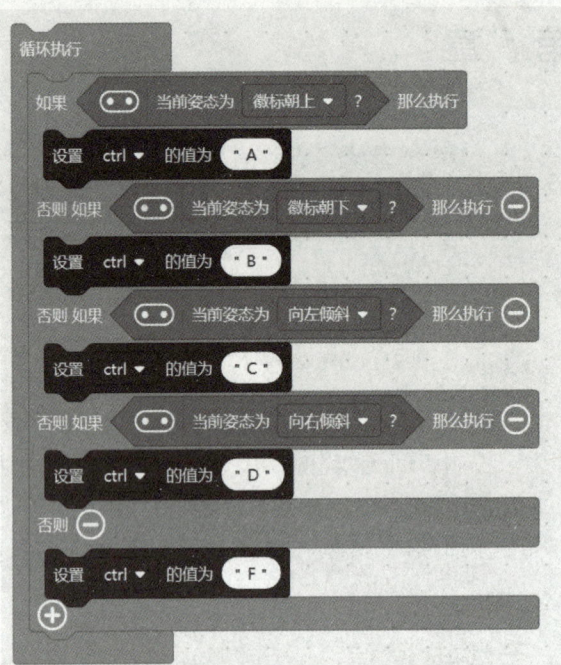

图 7-2　循环执行的多项数值语句

ctrl，如图 7-2 所示。

（4）当按下 A 按钮时，通过无线发送变量 ctrl 数据，如图 7-3 所示。

（5）当接收到无线数据时，利用多项选择结构，识别传送过来的数据，在点阵屏上显示对应的图案，如图 7-4 所示。

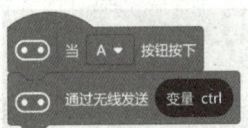

图 7-3　发送变量数据

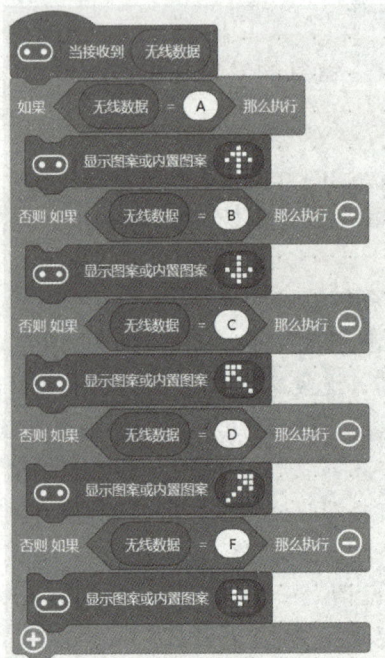

图 7-4　接收数据并对应显示

4. 运行效果

本案例程序设计没有区分发送端和接收端两个开发板上传一样的程序,这样可以发送和接收互换实验,观察效果。当然,也可以分开测试。发送端程序保留(1)、(2)、(3)、(4);接收端是(1)、(2)、(5),请自行尝试。

案例7-2　无线点灯

1. 任务

两个 Micro:bit 板之间进行通信,其中发送端开发板每按一次 A 按钮,接收端扩展板上的 LED 灯就会点亮,且每次颜色不同。按下发送端开发板 B 按钮时,接收端的 LED 灯熄灭。

2. 算法分析

(1) 接收端的开发板要插到虾米扩展板上,因为要用到板载的 LED 灯来演示。

(2) 两个板都要打开无线通信,并设置共同的无线频道。

(3) 发送端利用 A 按钮和 B 按钮给数字型变量 N 赋值,并将数据发送。

(4) 无线传输的通常是字符或字符串,本例要传的是数字,也会当作字符串来传送,当接收端收到无线数据时,如果要恢复数字型就要通过"字符串转整数"的积木进行转换。

(5) 利用多项选择结构,识别对应的数字,点亮或熄灭 LED 灯。

3. 程序设计

1) 发送端

新建项目,在"上传模式"下,通过"扩展"选择 Micro:bit 开发板,单击"返回",程序如图 7-5 所示。

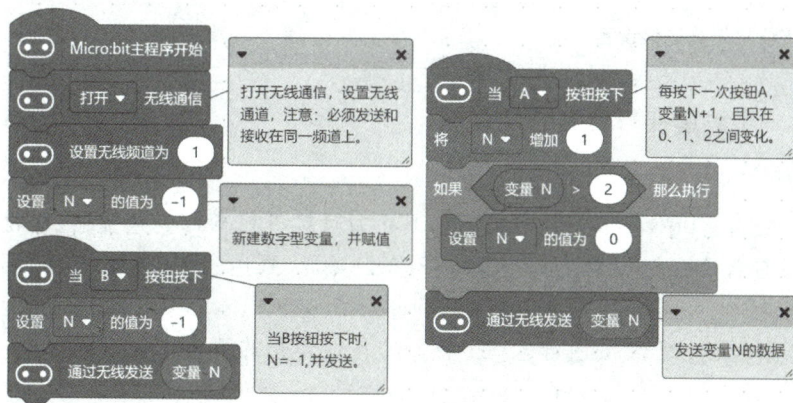

图 7-5　发送端程序

2) 接收端

新建项目,在"上传模式"下,通过"扩展"选择 Micro:bit 开发板和虾米扩展板,单击"返回"。无线通信的设置与发射端相同,程序如图 7-6 所示。

当接收到无线数据时的程序设置如图 7-7 所示。

4. 运行效果

本案例的程序设计与上个案例有所不同:一是发送端和接收端分开设计;二是上例传送的字符串不用转换。而本案例要传送的是数字,可还是按字符串传输,所以要通过"字符串转整数"的积木进行转换才能恢复原来的数字。

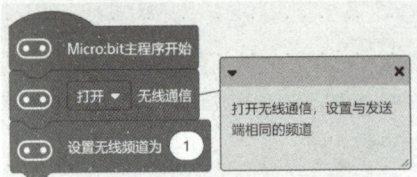

图 7-6 接收端无线通信设置

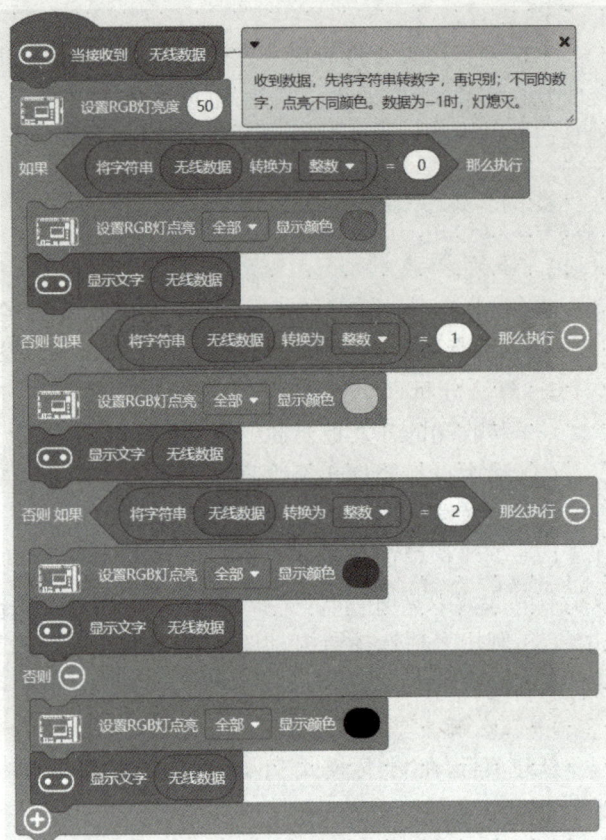

图 7-7 接收数据并点亮灯

案例 7-3 无线遥控舞台角色小游戏

1. 任务

通过两个 Micro：bit 板进行无线电通信，其中发送端开发板作为遥控器，接收端开发板连接计算机，无线遥控 Mind+ 舞台上的角色避开蓝区（障碍）到达绿区（终点）的小游戏。

2. 算法分析

（1）发送端开发板把 A 按钮与运动传感器的各种姿态的组合作为遥控指令，并将遥控数据发送。

（2）两个板都要打开无线通信，并设置共同的无线频道。

（3）接收端的开发板连接计算机，在 Mind+实时模式下，设计角色与遥控指令相对应的运动状态。

3. 程序设计

1）发送端

新建项目，在"上传模式"下，通过"扩展"选择 Micro：bit 开发板，单击"返回"，程序如图 7-8 所示。

2）接收端

（1）新建项目，在"实时模式"下，通过"扩展"选择 Micro：bit 开发板，单击"返回"。选择角色"甲壳虫"，绘制背景，如图 7-9 所示。

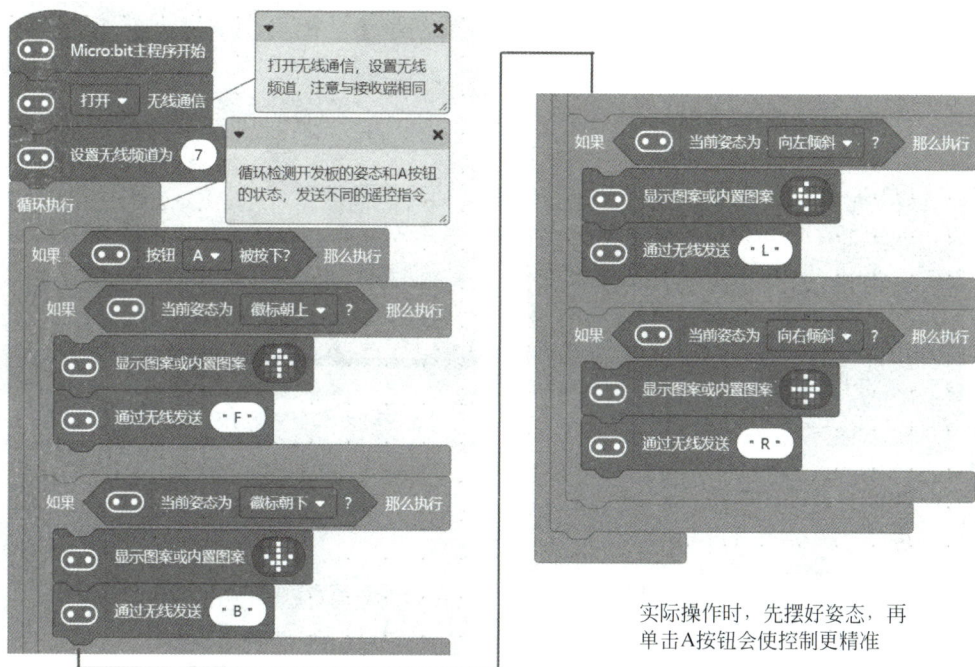

图 7-8 发送端(遥控器)程序

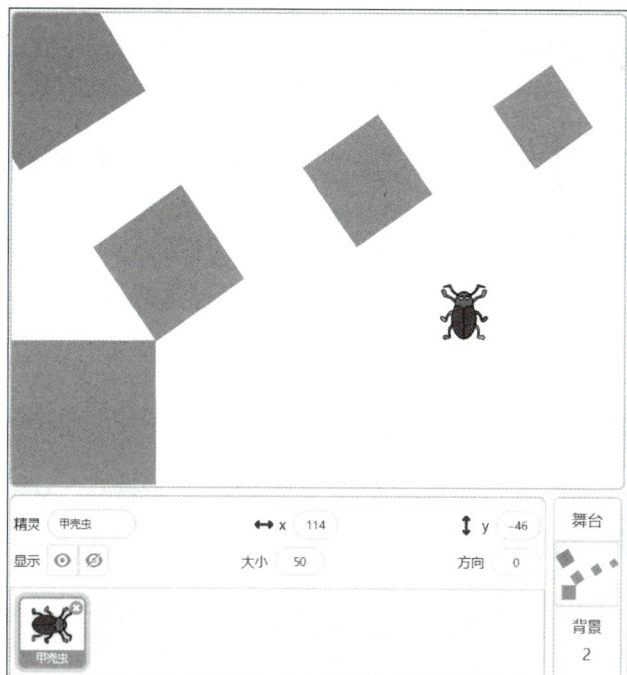

图 7-9 选择角色并绘制背景

（2）当按下空格键，角色回到初始位置；设置与发射端相同频道，如图 7-10 所示。

（3）自定义函数"胜利与失败"，用来判断是否进入蓝区（障碍）或绿区（终点），如图 7-11 所示。

（4）当接收到无线数据时的程序设置如图 7-12 所示。

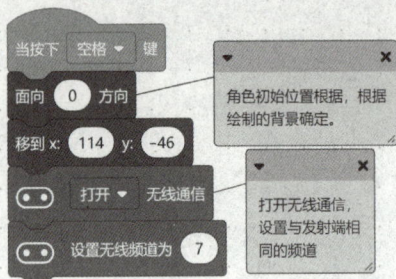

图 7-10 接收端无线通信设置

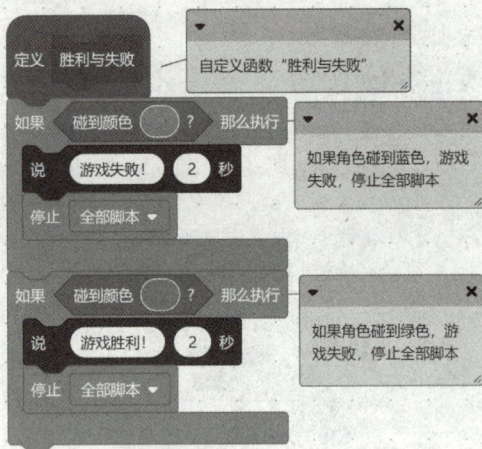

图 7-11 自定义函数及功能

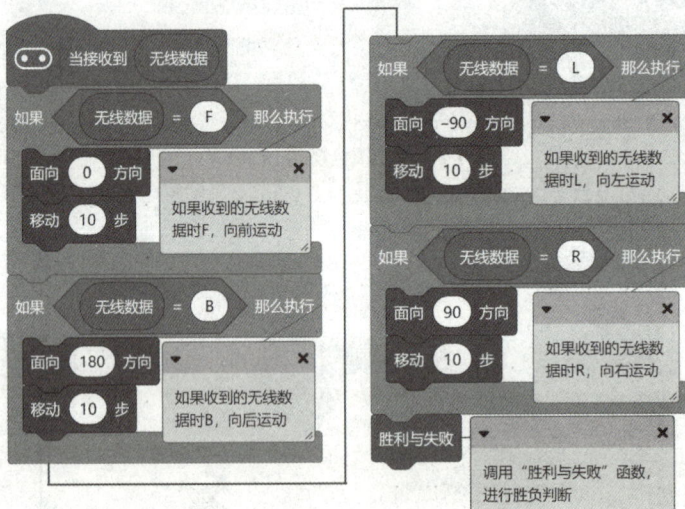

图 7-12 接收数据时的运动设置

4. 运行效果

本案例是无线遥控玩游戏的简单程序设计实践,与复杂遥控类游戏原理相同。遥控器独立供电,接收端连接计算机,单击连接设备,按下空格键,开始游戏。效果见资源包"案例 7-3 无线遥控舞台角色小游戏.mp4"。

案例 7-4 虚拟与现实

1. 任务

键盘驱动计算机屏幕上的虚拟小车运动,现实中的小车同步运动。

2. 算法分析

(1)还是用两个 Micro:bit 开发板的无线通信来完成这个任务,两个板都要打开无线通信,并设置共同的无线频道。

(2)接收端的开发板要插到虾米扩展板上,虾米扩展板固定在由两个电机驱动的小车上。

(3)发送端连接计算机,在"实时模式"下,用方向键控制虚拟小车的运动。

（4）利用两端发送和接收无线数据，实现虚拟小车和现实小车的同步运动。

3. 实验器材

（1）小车实物如图 7-13 所示。

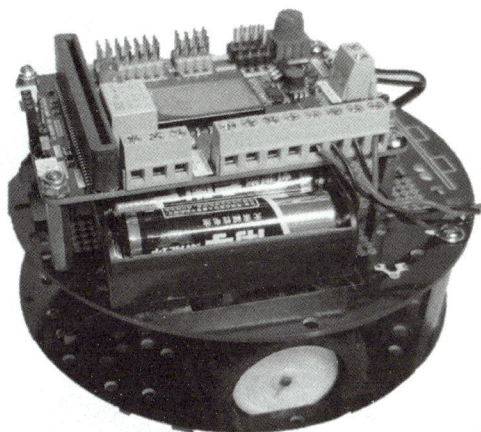

图 7-13　小车实物

（2）实验器材如表 7-1 所示。

表 7-1　实验器材列表

Micro:bit 开发板 2 块	
虾米扩展板	
9V 干电池组	

续表

带接口金属齿轮减速电机 2 个	
车体	QQ 小车也可以自行选择车体

（3）线路连线如图 7-14 所示。

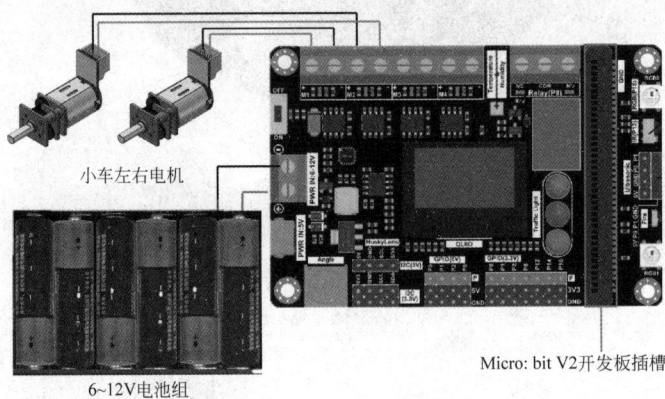

图 7-14　线路连线

4．程序设计

1）发送端

（1）新建项目，在"实时模式"下，通过"扩展"选择 Micro：bit 开发板，单击"返回"。上传角色"QQ 小车"，绘制背景，如图 7-15 所示。

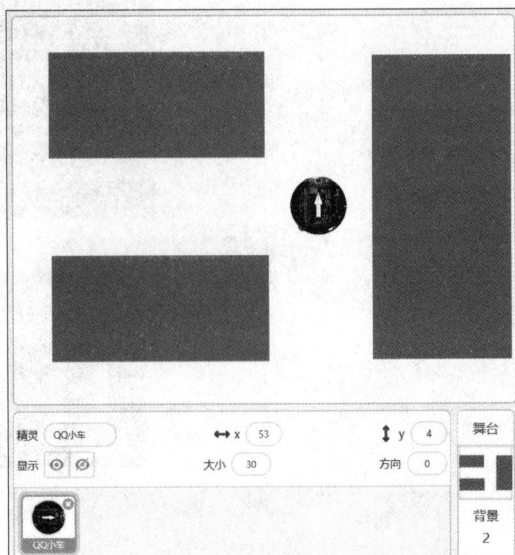

图 7-15　上传角色"QQ 小车"并绘制背景

（2）当按下空格键，角色回到初始位置；打开无线通信，设置频道，如图 7-16 所示。

（3）自定义函数"前进""后退""左转"和"右转"，如图 7-17 所示。

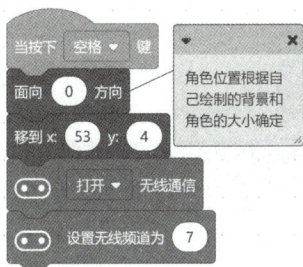

图 7-16　发送端无线通信设置

图 7-17　自定义函数及功能

（4）循环执行按下上、下、左、右方向键的程序，如图 7-18 所示。

2）接收端

（1）新建项目，在"上传模式"下，通过"扩展"选择 Micro:bit 开发板和虾米扩展板，单击"返回"。

（2）设置与发射端相同频道，如图 7-19 所示。

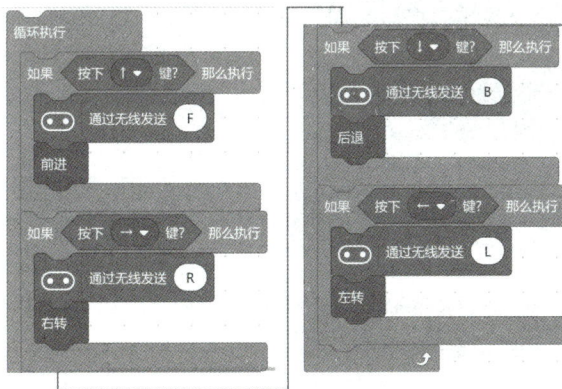

图 7-18　接收数据时的运动设置

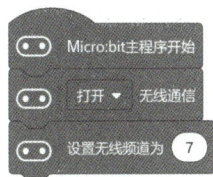

图 7-19　接收端无线通信设置

（3）自定义函数"前进""后退""左转"和"右转"，其中速度值要根据小车的实际情况确定，如图 7-20 所示。

（4）当接收到无线数据时的程序设置如图 7-21 所示。

5. 运行效果

将程序上传到设备，操作键盘上的方向键，会看到计算机屏幕上的虚拟小车的运动和实体小车的运动同步。本案例是上例的反过程，与计算机遥控指挥作战原理相同。遥控器是计算机，接收器是战车。只不过无线通信的方式不同，可能是卫星、Wi-Fi、蓝牙、无线电或者红外线遥控。

Micro:bit 开发板上已经集成了无线电和蓝牙通信，默认开通的是无线电，禁用了蓝牙。因为用的频率都是 2.4GHz，开发者只能根据需要选择使用无线电或者蓝牙来实现无线通信功能，但 Mind+ 目前还没有开发支持 Micro:bit 的蓝牙积木，所以如果读者想要用蓝牙通信，可参考 Micro:bit 官网相关内容。

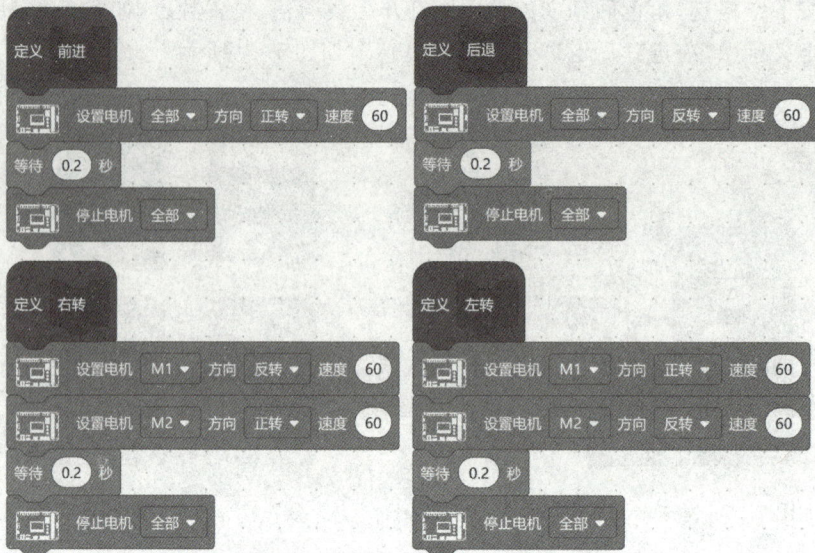

图 7-20　自定义函数及功能

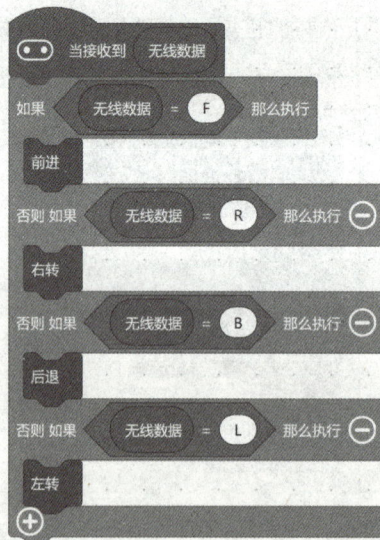

图 7-21　接收数据时的运动设置

7.2　红外遥控

　　虾米扩展板在 $57mm \times 87mm$ 的板上,紧凑地集成了 10 多项功能模组,其中包括红外接收传感器(图 7-22),为无线控制 Micro:bit 提供了另一种方式,本书后面也会有实际应用案例,本节只介绍其基本的原理和简单应用。

　　原理:红外遥控器是利用一个红外发光二极管,以红外光为载体将按键信息传递给接收端的设备(图 7-23)。红外光是波长大于红光(可见光)的电

红外接收传感器

图 7-22　虾米扩展板红外接收传感器位置

磁波,人眼是不可见的,因此使用红外遥控器不会干扰人的视觉,但是可以打开手机的录像功能,遥控器对着摄像头按下任意按键,可以看到遥控器发射管发出闪烁变化的光亮。

红外线传递的按键信息就是键值码,不同的遥控器其键值是不同的,即使同样的遥控器不同的批号为了不相互干扰其键值也可能不同,应用软件不同对应的键值也不一样。图 7-24 是 DF 通用的红外遥控各个按键应用 Mind+ 软件识读的对应键值。

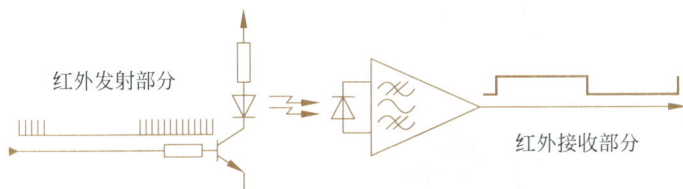

图 7-23　红外发射与接收原理

DF红外遥控器键值

红键	VOL+	FUNC/STOP
FD00FF	FD807F	FD40BF
左双箭头	播放暂停	右双箭头
FD20DF	FDA05F	FD609F
向下箭头	VOL-	向上箭头
FD10EF	FD906F	FD50AF
0	EQ	ST/REPT
FD30CF	FDB04F	FD708F
1	2	3
FD08F7	FD8877	FD48B7
4	5	6
FD28D7	FDA857	FD6897
7	8	9
FD18E7	FD9867	FD58A7

图 7-24　DF 通用的红外遥控各个
按键名称和键值

其实,只要能够接收红外信息就可以读出遥控器按键的键值,那么怎么读取呢? 虾米扩展板提供了一个"读取红外键值"的模块。图 7-25 就是一个读取程序。

上传程序后,显示结果如图 7-26 所示。

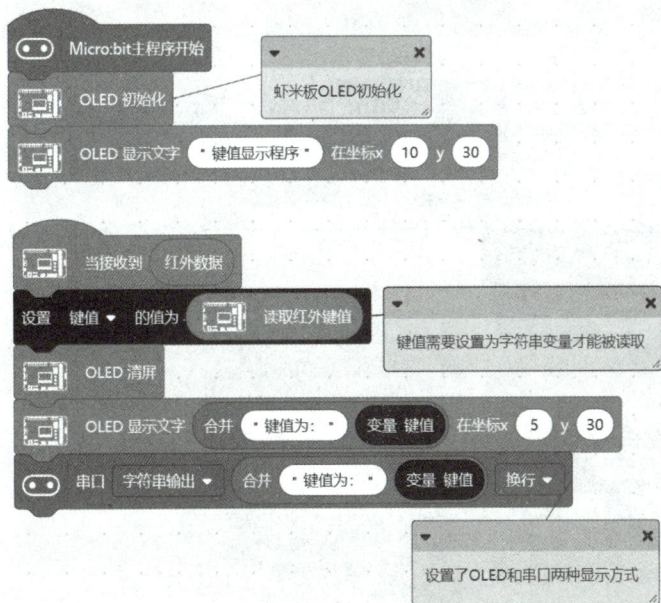

图 7-25　键值测试程序

图 7-26　测试结果

案例 7-5　红外遥控继电器的吸合

1. 任务

使用迷你红外遥控器对虾米扩展板上的继电器进行控制,当按下遥控器左上的红键,继电器吸合,按下右上角的 FUNC/STOP 键,继电器释放,对应的继电器指示灯自动会切换。

2. 算法分析

(1) 遥控传送的其实就是一个键值,所以必须知道所选键的键值(查阅资料或实测)。

(2) 接收到键值后,根据任务要求设计程序模块。

(3) 实验检测设计效果。

3. 程序设计

(1) 选择"上传模式",通过 Mind+ 左下角"扩展"引入 Micro:bit 主控板和虾米扩展板,如图 7-27 所示。

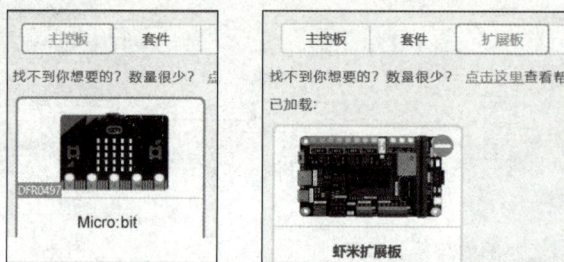

图 7-27　选择开发板和扩展板

(2) 当接收到遥控器红键(键值 FD00FF)和 FUNC/STOP 键(键值 FD40BF)的键值信息时,执行继电器的闭合和断开的程序如图 7-28 所示。

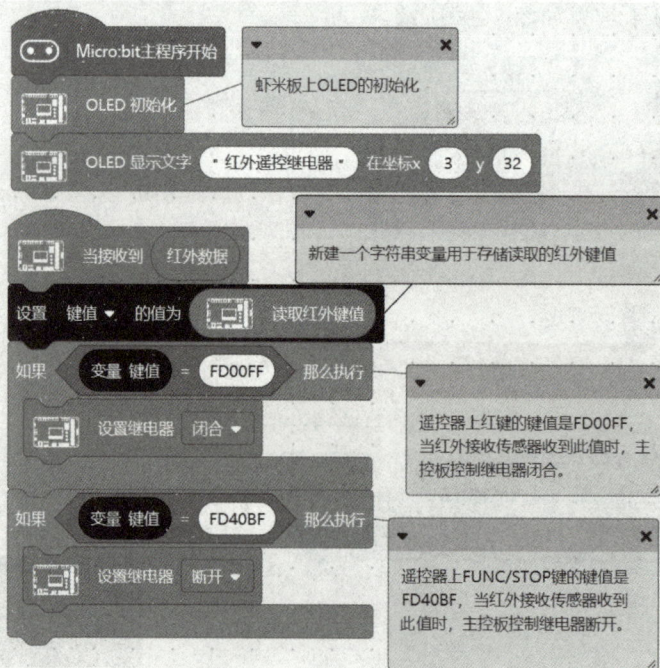

图 7-28　红外遥控接收端程序

4. 运行效果

连接主控板,上传程序,观察控制效果。当按下遥控器红键和 FUCN/STOP 键时,看到继电器指示灯的转换,听到继电器吸合和释放的声音。

注意:虾米扩展板接通 6～12V 外接电源,效果更好。

案例 7-6　红外遥控传数字

1. 任务

用红外遥控传送高度值 $h=985\text{mm}$，并在 OLED 上显示。

2. 算法分析

（1）遥控传送的键值必须知道，可以查阅产品资料或实际测读。

（2）接收到键值后，设计程序满足任务要求。

（3）让虾米扩展板显示传送过来的所需数据。

3. 程序设计

（1）选择"上传模式"，通过 Mind+ 左下角"扩展"引入 Micro:bit 主控板和虾米扩展板，如图 7-27 所示。

（2）找到遥控上的 9（键值 FD58A7）、8（键值 FD9867）、5（键值 FDA857）作为要输入的值，EQ（键值 FDB04F）作为十位、ST/REPT（键值 FD708F）作为百位，设计程序如图 7-29 和图 7-30 所示。

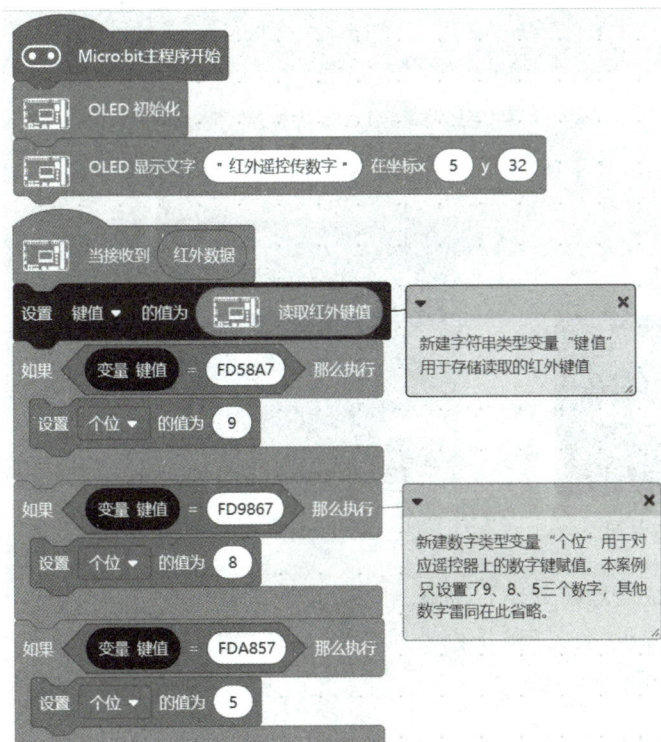

图 7-29　红外遥控传值（上）

4. 运行效果

连接设备，上传程序。遥控器上的按键顺序为：先后按 9 和 ST/REPT 表示输入数为 900；再依次按 8 和 EQ 表示输入数是 980；最后按 5，就是需要输入的 985 了，观察效果，如图 7-31 所示。

本案例的拓展：任务也可以用 3 个键完成，如左双箭头按键表示个位，单箭头双竖按键表示十位，右双箭头按键表示百位。对照键值表赋值，只是每个键都能从 0～9 依次循环变化，从

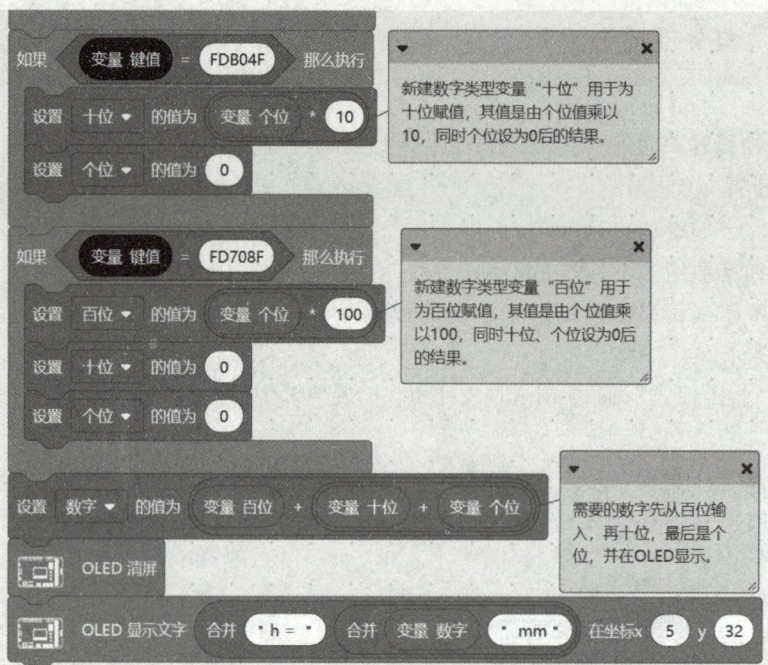

图 7-30 红外遥控传值(下)

而找到所需的 985,其中"十位"的程序模块如图 7-32 所示,其余部分自行完成。

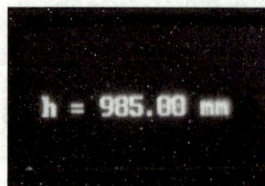

图 7-31 效果图

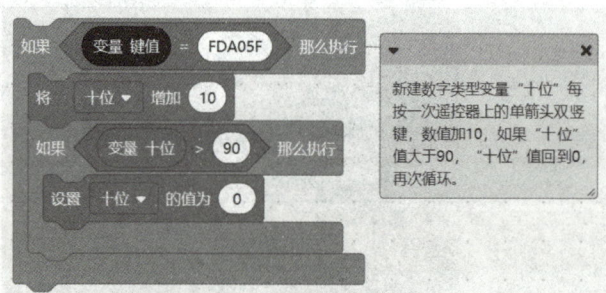

图 7-32 "十位"的程序模块

如果再加上进位功能就完美了,你想到怎么设计了吗?

参考程序见资源包"案例 7-6-T 红外遥控传数字(3 键).sb3"和"案例 7-6-T 红外遥控传数字(3 键加进位).sb3"。

7.3 串口通信

在上传模式中,有串口区,这表明 Mind+ 软件提供了串口通信(serial communication)方式,串口通信是指外接设备和计算机间,通过数据信号线、地线、控制线等,按位进行传输数据的一种通信方式。这种通信方式使用的数据线少,在远距离通信中可以节约通信成本,但其传输速度比并行传输低。由于串口通信协议较为复杂,本书只介绍 Micro:bit 开发板的串口输出数据的采集和处理,以及用串口发送数据控制小车的运动两部分实用内容。

案例7-7 串口数据的采集和处理

1. 任务

通过串口获得环境光强度时间图像。

2. 算法分析

（1）Micro：bit 开发板集成了环境光传感器。

（2）通过有限循环获取需要采集的数据。

（3）将开发板与计算机连接，显示数据串口。

（4）将串口获得的数据通过第三方软件进行处理。

3. 程序设计

（1）选择"上传模式"，通过 Mind+ 左下角"扩展"引入 Micro：bit 主控板。

（2）按下 A 按钮作为数据采集的事件，这样可以很方便控制数据的采集过程。

（3）选择有限循环，如果想获得 20 个数据，可以循环 20 次。

（4）每隔 1 秒采集数据一次，完整程序如图 7-33 所示。

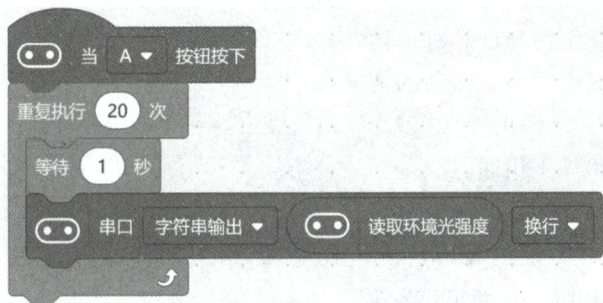

图 7-33　串口采集数据程序

4. 运行效果

（1）将程序上传到设备后，保持 Micro：bit 与计算机的 USB 连线。

（2）打开串口如图 7-34 所示。

图 7-34　串口区说明

（3）按下 Micro：bit 控制板上按钮 A，运行程序，就可以见到串口区出现采集的数据。

（4）打开 Excel 软件，新建空白工作簿，将串口数据复制到表格中处理数据，如图 7-35 所示。

案例7-8 串口控制小车的运动

1. 任务

通过串口发送数据，控制小车的前进、后退、左转和右转。

时间	环境光强度
1	14
2	23
3	8
4	0
5	90
6	0
7	30
8	44
9	41
10	81
11	96
12	81
13	105
14	82
15	99
16	114
17	92
18	74
19	62
20	41

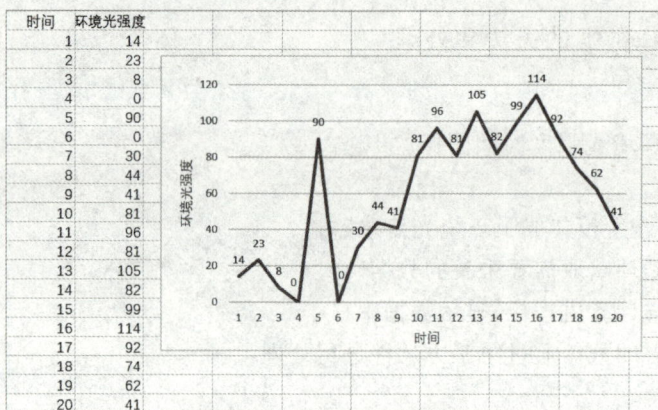

图 7-35　用 Excel 处理数据

2. 算法分析

（1）串口不但可以输出数据，还可以发送数据。

（2）通过开发板对数据的处理，形成控制指令。

（3）将小车上的开发板与计算机连接，输入要发送的数据。

（4）观察串口数据控制小车运动的情况。

3. 实验器材

器材和连接与案例 7-4 相同。

4. 程序设计

（1）选择"上传模式"，通过 Mind+ 左下角"扩展"引入 Micro：bit 主控板和虾米扩展板。

（2）新建变量 ctrl，用于存储串口数据。

（3）循环检测串口是否有可读数据，如果有，就将数据转化为字符串类型存入变量 ctrl 中。

（4）设计变量 ctrl 分别为 F、B、P 时控制小车前进、后退和停车。完整程序如图 7-36 所示。

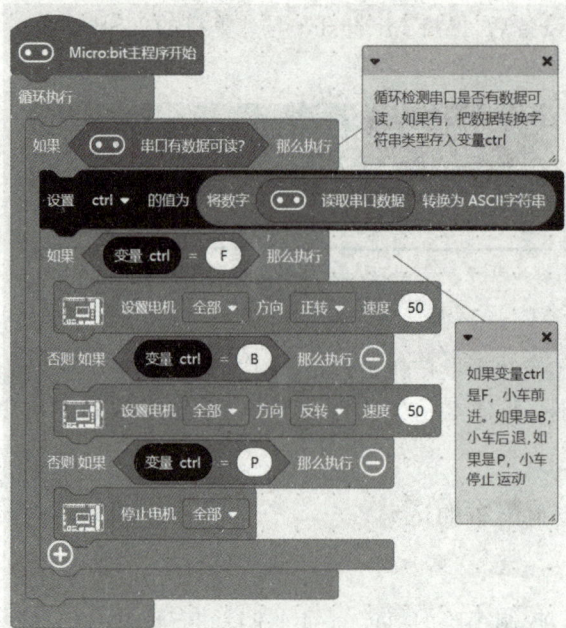

图 7-36　串口控制小车运动程序

5. 运行效果

将程序上传设备，保持用 USB 线连接计算机和小车的开发板，小车最好架空。运行程序，在串口窗口输入 F、B、P，单击"发送"，观察效果。串口发送区位置如图 7-34 所示。

7.4　拓展练习

在案例 7-8 中，只是在串口发送数据时控制了前进、后退和停车，没能控制速度的大小。如何发送一串数据既能控制小车的几种运动状态，又能改变速度的大小呢？

提示：要想实现运动状态和速度的同时变化，需要新建字符串型变量 ctrl 和数字型变量 speed 两个变量，ctrl 用于控制运动状态，speed 用于改变速度大小。串口发送的数据形式如"F100"和"B50"，有控制字符和数字两部分。可参考图 7-37 所示的部分程序进行设计。

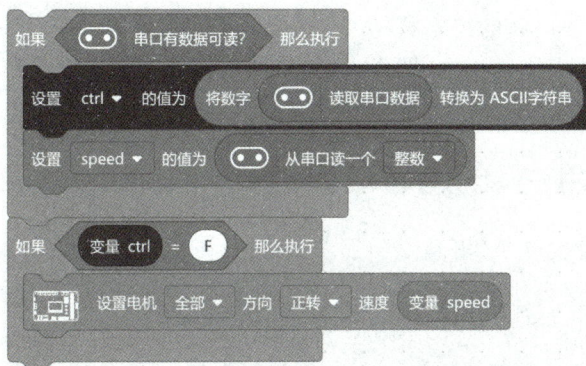

图 7-37　部分程序

完整的参考程序见资源包"第 7 章拓展练习.sb3"。

第 **8** 章

人工智能、物联网

人工智能(artificial intelligence,AI)是研究开发用于模拟延伸和扩展人的智能的理论、方法、技术及应用系统的一门新的技术科学。AI 是计算机科学的一个分支,它试图了解智能的实质,该领域包括机器人、语言识别、图像识别、自然语言处理和专家系统等。Mind+软件提供了"网络服务"的功能,本章将介绍其中 MQTT、AI 图像识别等内容及其应用。

8.1 注册百度用户,创建新应用

本节将会用到百度大脑 AI 开放平台服务,Mind+默认有一个公用账户,因此无须单独注册账户也可以使用,但是公用账户有同时访问限制,因此推荐使用自己注册的账户。注册方法如下:登录百度大脑 AI 开放平台,https://ai. baidu. com,单击页面右上角的"控制台",如图 8-1 和图 8-2 所示,然后注册或者登录自己的百度账号。

图 8-1 百度大脑主页

登录后,单击"百度智能云"目标,进入百度智能云主页,选择"产品"→"人工智能"→"短语音识别",如图 8-3 和图 8-4 所示。

单击"立即使用"按钮,创建新应用,如图 8-5～图 8-8 所示。

要记住 API Key 和 Secret Key,在程序设计中会用到。

也可以登录后,将鼠标移到"百度智能云"图标左侧,就会出现下拉菜单,人工智能功能模块都可以在这里找到,如图 8-9 所示。

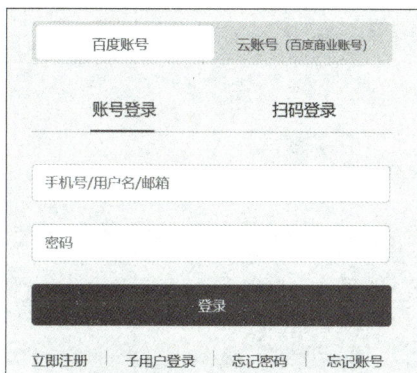

图 8-2　注册或登录百度账号

图 8-3　选择语音技术中的"短语音识别"

图 8-4　打开"短语音识别"

图 8-5　创建新应用

图 8-6　选择"个人"→"立即创建"

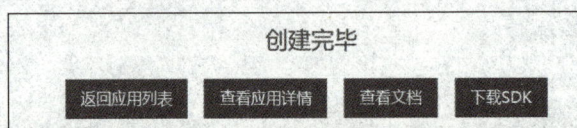

图 8-7　创建完毕返回"应用列表"

图 8-8　复制 API Key 和 Secret Key 并保存

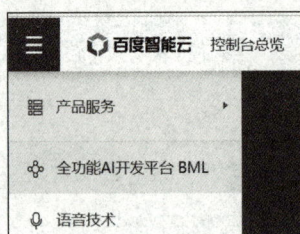

图 8-9　下拉菜单

8.2　语音识别

　　Mind+的语音识别要在"实时模式"下实现,打开"扩展",加载"语音识别"和"文字朗读",如图 8-10 所示。

　　在积木区域会出现相应的指令模块,如图 8-11 所示。

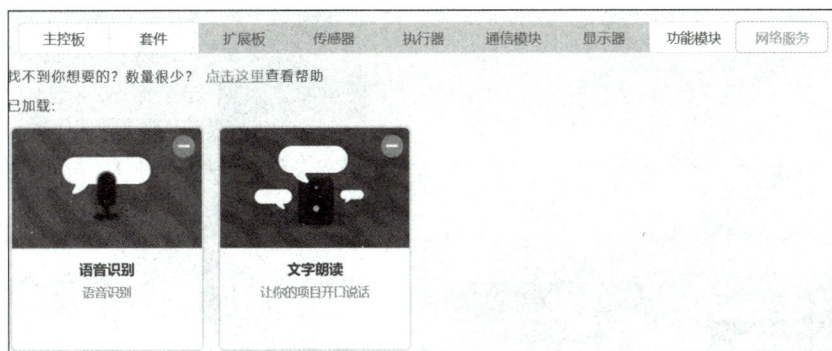

图 8-10 加载"语音识别"和"文字朗读"

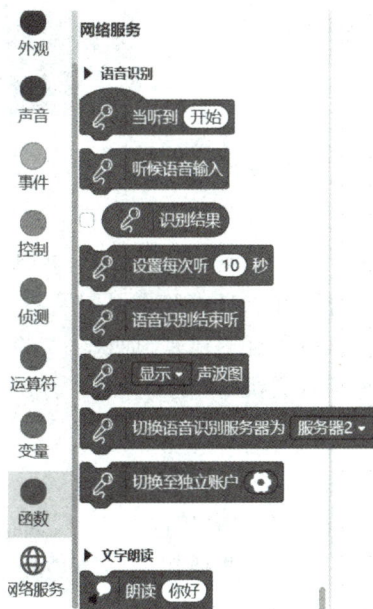

图 8-11 语音识别和文字朗读积木

案例 8-1 语音开关灯

1. 任务

识别开关灯的语音,给出回答并点亮或熄灭 Micro:bit V2 点阵屏。

2. 算法分析

(1) Micro:bit V2 开发板集成了麦克风,可以直接对其说话,输入语音。

(2) 设置每次听的时间以及独立账户创建应用的 API Key 和 Secret Key。

(3) 当识别结果与设置的语音对应时,做出回应和开关灯的动作。

3. 程序设计

(1) 新建项目,在"实时模式"下打开"扩展",选择 Micro:bit 开发板,加载"语音识别"和"文字朗读",如图 8-10 所示。

(2) 语音识别初始化设置,如图 8-12 所示。

(3) 多项选择结构设计识别结果回应与开关灯的动作,如图 8-13 所示。

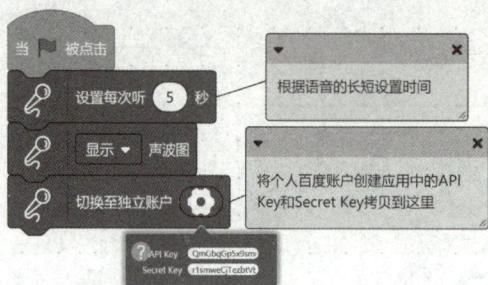

图 8-12　语音识别初始化设置

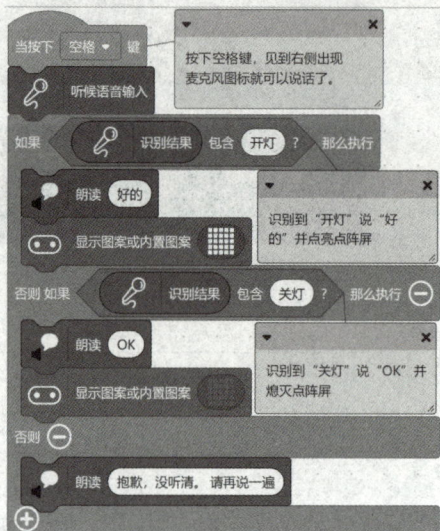

图 8-13　语音开关灯设置

4. 运行效果

连接设备，单击绿旗运行程序。当按下空格键，看到右侧舞台出现麦克风图标时就可以说话了。如果识别到"开灯"，会说"好的"并点亮点阵屏；如果识别到"关灯"，会说"OK"并熄灭点阵屏。但是由于网络有传输时间，所以延迟还是很明显，实验时要有耐心稍等几秒。实际的语音控制原理与此相同，只不过为了有更快的响应速度，语音识别程序已集成在硬件中。

8.3　图像识别

与 8.2 节语音识别一样，建议使用个人账号创建应用，如果 8.2 节创建的应用中勾选了"人脸识别""图像识别"复选框（图 8-5），本节使用同一个应用即可。在"实时模式"下，打开"扩展"，加载"AI 图像识别"，如图 8-14 所示。

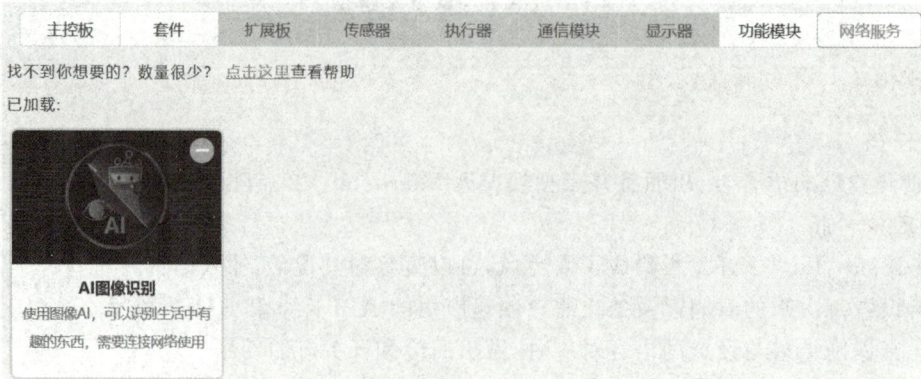

图 8-14　加载"AI 图像识别"

案例 8-2　测年龄和颜值

1. 任务

识别从摄像头画面截取的图片，说出识别结果（年龄和颜值）。

2. 算法分析

（1）本案例图像识别选择"从摄像头画面截取图片"，所以需要开启计算机上的摄像头，并进行初始化设置。

（2）设置独立账户创建应用的 API Key 和 Secret Key。

（3）识别成功后输出结果。

3. 程序设计

（1）新建项目，在"实时模式"下，使用默认角色和背景，加载"AI 图像识别"（图 8-14）。

（2）图像识别初始化设置，如图 8-15 所示。

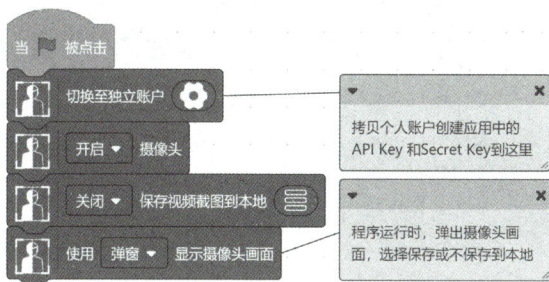

图 8-15 图像识别初始化设置

（3）按下空格键，从摄像头画面截取图片进行识别，说出识别结果，如图 8-16 所示。

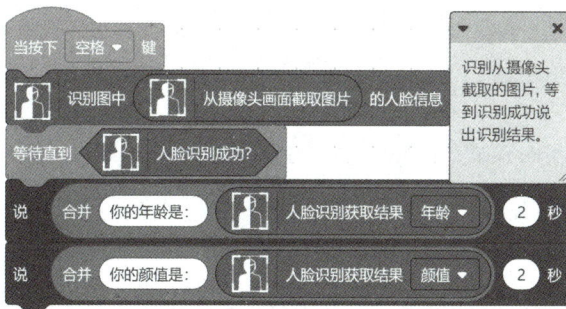

图 8-16 图像识别程序

4. 运行效果

单击绿旗运行程序。当按下空格键时会弹出摄像头画面，识别成功，舞台角色说出年龄和颜值。

案例 8-3 识别文字

1. 任务

识别从摄像头画面截取的文字图片，说出识别结果。

2. 算法分析

（1）仍选择"从摄像头画面截取图片"，需要开启计算机上的摄像头，并进行初始化设置。

（2）在百度智能云中创建新应用，记下 API Key 和 Secret Key；或者编辑原来的应用（选择"应用列表"→选择"应用名称"→单击"编辑"→勾选文字识别的相关项），如图 8-17 和图 8-18 所示。

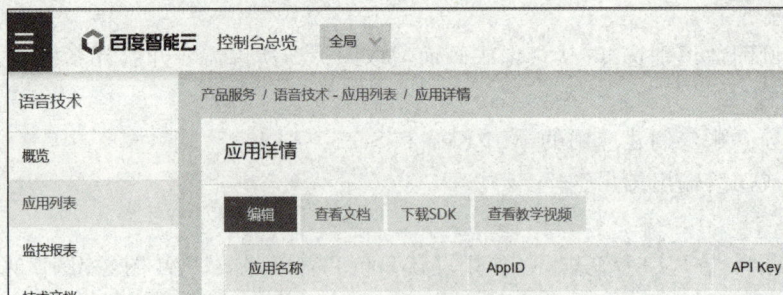

图 8-17　编辑原来创建的应用

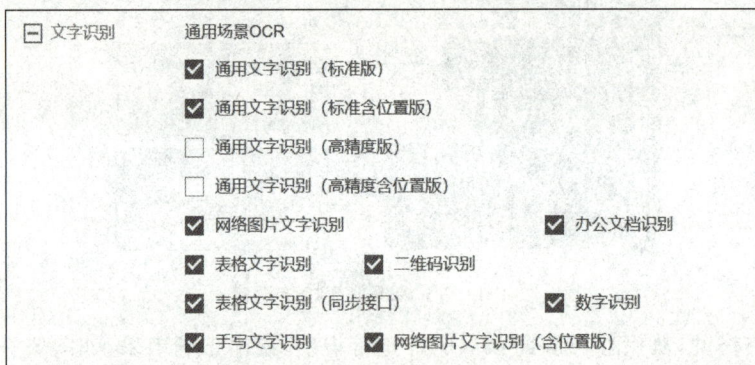

图 8-18　勾选文字识别相关项

（3）识别成功输出结果。

3. 程序设计

（1）新建项目，在"实时模式"下，使用默认角色和背景，加载"AI 图像识别"（图 8-14）。

（2）文字识别程序，如图 8-19 所示。

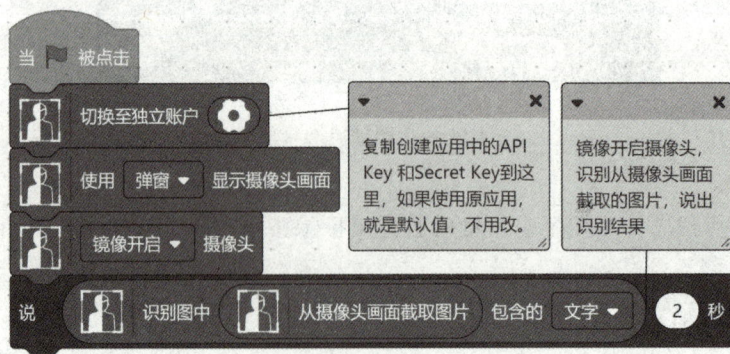

图 8-19　文字识别程序

4. 运行效果

单击绿旗运行程序，会弹出摄像头画面，把要识别的文字放到摄像头前，识别成功，舞台角色说出结果。

其中独立账户设置：输入自己建立应用的 API Key 和 Secret Key（两个 Key 都很长，不止图示这些，需要从应用中复制），如图 8-20 所示。

运行效果如图 8-21 所示。

图 8-20 独立账户设置

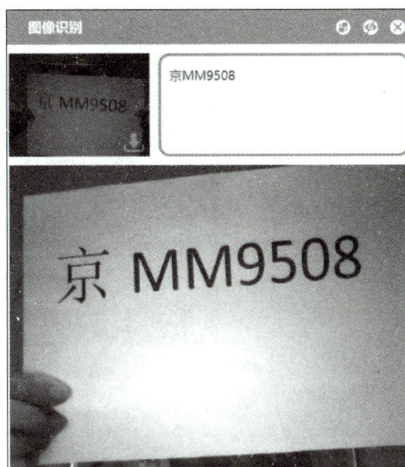

图 8-21 运行效果

案例 8-4 人脸识别

1. 任务

任务分两部分：一是人脸识别后输入拼音名字存入人脸库；二是人脸识别后从人脸库中找到并说出拼音名字。

2. 算法分析

（1）无论是人脸的输入还是人脸的输出，都需要开启计算机上的摄像头，并进行初始化设置。

（2）可以在百度智能云中创建新应用，记下 API Key 和 Secret Key；或者编辑原来的应用（选择"应用列表"→选择"应用名称"→单击"编辑"→勾选人脸识别的相关项），如图 8-17 和图 8-22 所示。

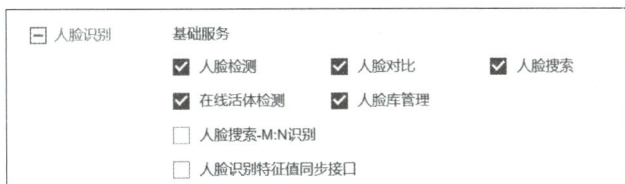

图 8-22 勾选人脸识别相关项

（3）输入人脸信息并存入人脸库。

（4）识别人脸并说出是谁。

3. 程序设计

（1）新建项目，在"实时模式"下，使用默认角色和背景，加载"AI 图像识别"（图 8-14）。

（2）切换独立账户，摄像头初始化，如图 8-23 所示。

（3）按下 a 键，输入人脸信息，程序如图 8-24 所示。

（4）按下空格键，识别人脸，说出拼音名字，如图 8-25 所示。

4. 运行效果

（1）单击绿旗运行程序，会弹出摄像头画面。按下 a 键，输入人脸信息，如果人脸库里有会提示不要重录；如果没有则舞台下部会出现输入框，如图 8-26 所示，提示输入要存储人脸的拼音（或英文）名字；如果输入失败则提示输入失败。

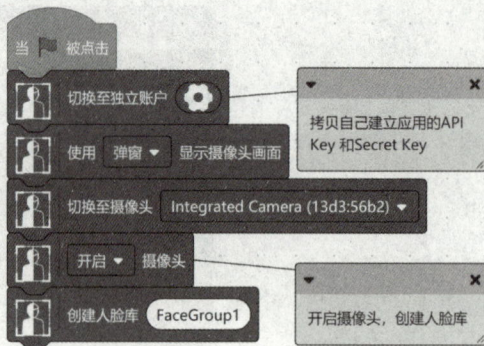

图 8-23　初始化

图 8-24　输入人脸信息

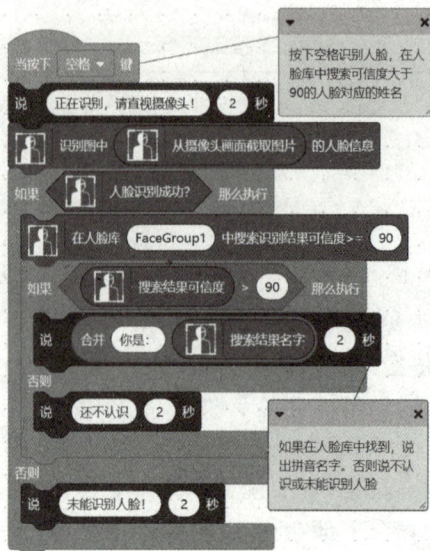

图 8-25　识别人脸

（2）按下空格键，识别人脸，如果人脸库中有，则说出拼音名字；否则说"不认识"或"未能识别人脸"。这里的"说"是 Mind+ 中的"说"积木，是角色的文字表述。如果真的让角色朗读，就要设置"扩展"→"网络服务"→加载"文字朗读"。再把程序中的"说"用"朗读"替换即可。详见资源包"案例 8-4 人脸识别（语音）.sb3"。

注意：①如果输入的是汉语拼音，朗读的并不是拼音，而是按英文拼读；②如果没有朗读的声音，提示已达可用次数，需在绿旗下加入"设置服务器 2 账号"积木，如图 8-27 所示（两个 key 与"切换独立账户"设置相同，保持默认即可）。

图 8-26　拼音名字输入框

图 8-27　设置文本朗读服务器

案例 8-5　虚拟智能门禁系统

1. 任务

当车（角色 1）到小区门口的栏杆（角色 2）时停车，摄像头识别车牌，如果是小区系统内的车辆，抬杆放行。

2. 算法分析

（1）本例也是选择"从摄像头画面截取图片"，所以需要开启计算机上的摄像头，并进行初始化设置。

（2）设置语音服务器 2 账号和切换独立账户都是创建应用的 API Key 和 Secret Key。

（3）设计车的运动、停止、显示和隐藏。

（4）循环检测有没有车辆要进入，如果有则开启镜像摄像头，识别车牌，若是系统内的车辆则广播放行。

3. 程序设计

（1）新建项目，在"实时模式"下，上传绘制两个角色车和杆，在背景库选择有车道的城市夜景，如图 8-28 所示。

（2）单击"扩展"→选择"网络服务"→加载"文字朗读"和"AI 图像识别"，如图 8-29 所示。

（3）车（角色 1）的显示、运动和停止程序设计，如图 8-30 所示。

（4）"车"（角色 1）收到"放行"广播时的程序设计，如图 8-31 所示。

（5）对"杆"（角色 2）程序设计，新建列表 list 用于存储车牌号，如图 8-32 所示。

（6）设置文本朗读"服务器 2 账号"和"切换至独立账户"，初始化摄像头，如图 8-33 所示。

（7）循环检测、识别、抬杆、广播、朗读、显示程序如图 8-34 所示。

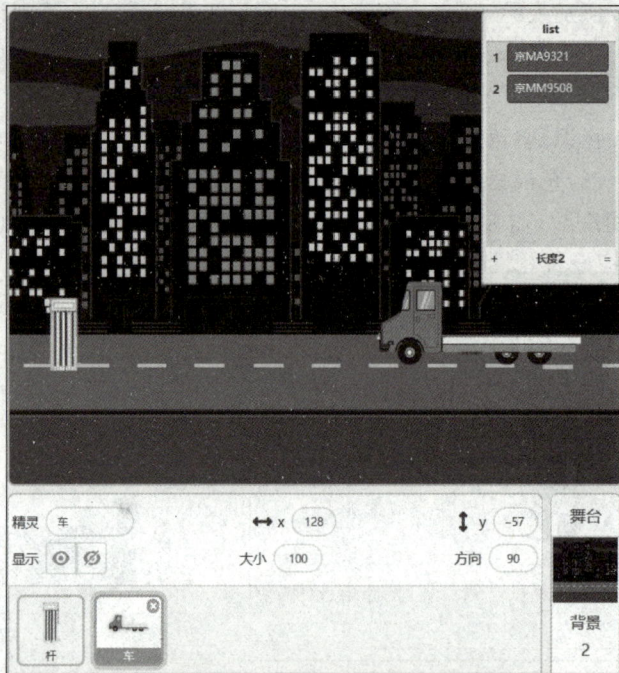

图 8-28　上传绘制角色和背景

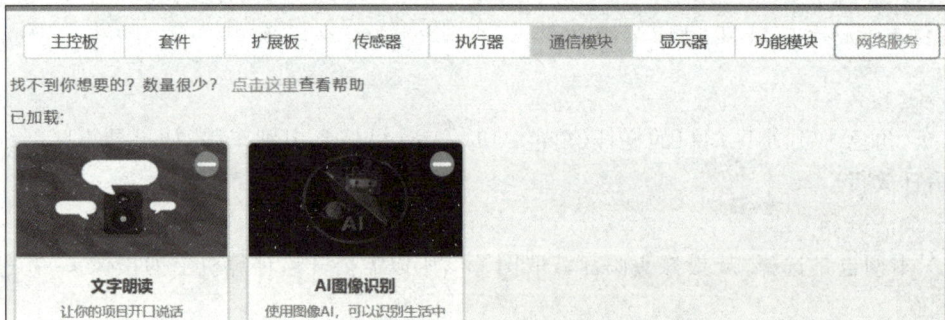

图 8-29　加载"文字朗读"和"AI 图像识别"

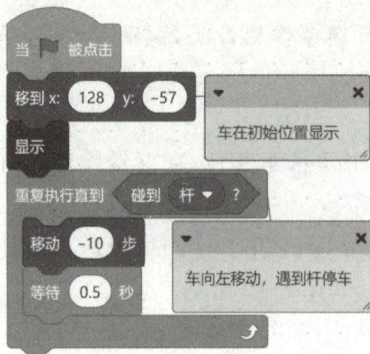

图 8-30　车的运动、停止程序

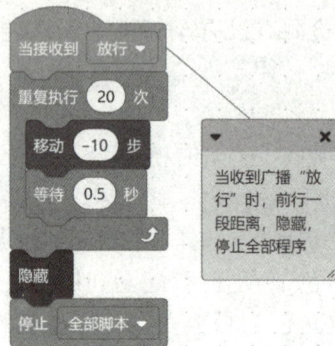

图 8-31　收到"放行"广播时的程序

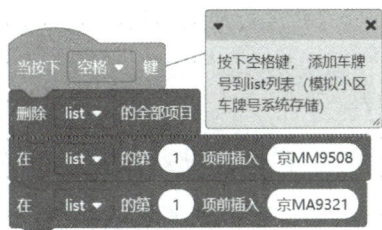

图 8-32 存储车牌号

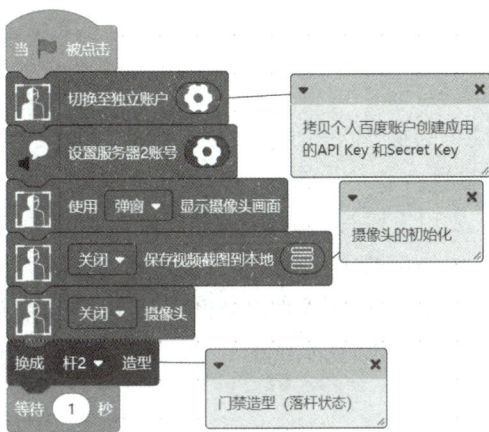

图 8-33 初始化摄像头

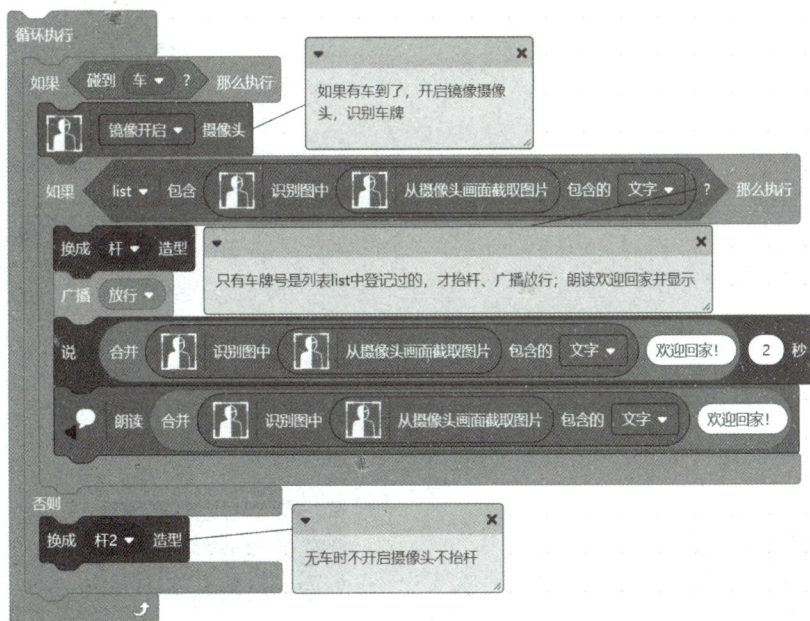

图 8-34 主程序

4. 运行效果

先按下空格键，在列表中添加车牌号，再单击舞台上方绿旗运行程序，会看到车从右向左行进，到门口停止后会弹出摄像头画面，把车牌号放到摄像头前，如果识别成功，车辆放行，车过后隐藏，落杆。

8.4 机器学习

机器学习包括 KNN 分类、FaceAPI 人脸识别追踪、PoseNet 姿态识别、MobileNet 物体识别等功能。

案例 8-6　口罩分类与识别

1. 任务
正确识别摄像头前的口罩是一次性口罩还是 N95 口罩，显示识别结果。

2. 算法分析
（1）要用摄像头识别，所以需要开启计算机上的摄像头，并进行初始化设置。
（2）初始化 KNN 分类器。
（3）学习背景、一次性口罩和 N95 口罩并存入分类器。
（4）识别口罩，显示结果。

3. 程序设计
（1）新建项目，在"实时模式"下，使用默认角色和背景，单击"扩展"→选择"功能模块"→加载"机器学习（ML5）"（图 8-35）。
（2）初始化 KNN 分类器和摄像头，如图 8-36 所示。

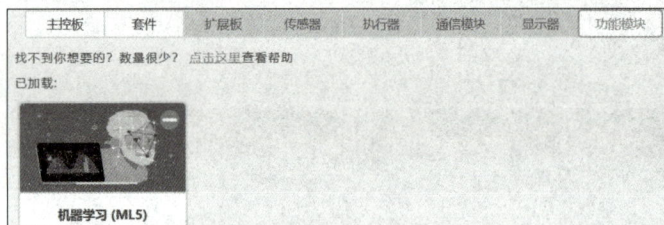

图 8-35　加载"机器学习（ML5）"

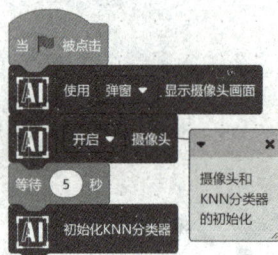

图 8-36　摄像头和 KNN 分类器的初始化设置

（3）按下空格键，学习背景并归类，如图 8-37 所示。
（4）学习一次性口罩并归类，如图 8-38 所示。

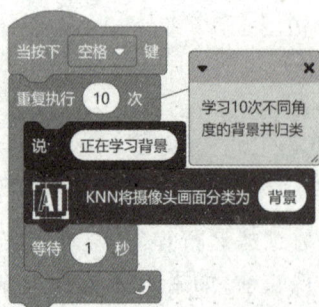

图 8-37　学习背景

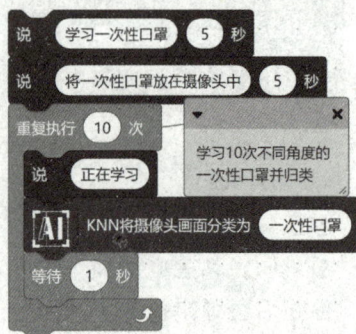

图 8-38　学习一次性口罩并归类

（5）学习 N95 口罩并归类，如图 8-39 所示。
（6）按下 s 键，识别口罩，显示结果，如图 8-40 所示。

4. 运行效果
单击绿旗运行程序，会弹出摄像头画面。当按下空格键，依次学习背景、一次性口罩、N95 口罩并归类。当按下 s 键，训练、识别、显示结果。如果想让角色朗读，就要单击"扩展"→选择

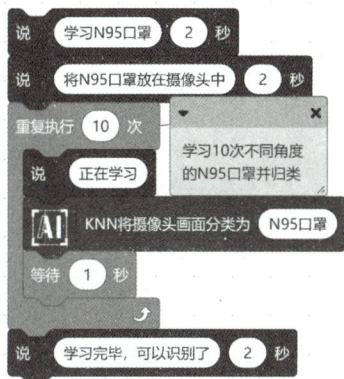

图 8-39　学习 N95 口罩并归类　　　　　　图 8-40　识别口罩显示结果

"网络服务"→加载"文字朗读"。再把程序中的"说"用"朗读"替换即可。详见资源包"案例 8-6 口罩分类与识别（语音）．sb3"。

8.5　物联网

本节涉及 MQTT 等网络服务，这就涉及物联网，那么什么是物联网呢？物联网（internet of things，IoT）是互联网的一个延伸，互联网的终端是计算机（PC、服务器），而物联网的终端是硬件设备，无论是家电、工业设备、汽车还是监测仪器，所有这些终端都可以互联，可以总结为万物互联。

MQTT（message queuing telemetry transport，消息队列遥测传输）协议是一个基于客户端-服务器的消息发布/订阅传输协议。

MQTT 协议是轻量、简单、开放和易于实现的，这些特点使它适用范围非常广泛。通过这一协议，用户可以使用自己的计算机建立个人服务器，也可以用树莓派建立一个独立的服务器。

在自己的计算机上建立个人服务器的方法如下：

（1）下载 SIoT 软件。登录网址为 https：//mc．dfrobot．com．cn/thread-281102-1-1．html，根据自己计算机的系统，对应下载 SIoT 软件压缩包，SIoT 是一个绿色软件，将下载的压缩包解压并打开，如图 8-41 所示。

database	2019/6/11 15:04	文件夹	
static	2019/6/11 15:04	文件夹	
.DS_Store	2019/6/4 10:55	DS_STORE 文件	7 KB
config.json	2019/5/29 16:11	JSON 文件	1 KB
SIoT_win32.exe	2019/5/29 16:22	应用程序	22,339 KB

图 8-41　运行程序

（2）计算机每次连接 Wi-Fi 都会生成一个 IP 地址，每个 IP 地址对应的计算机都是唯一的。运行 SIoT 程序后会在计算机上建立一个 SIoT 服务器。

（3）至此就完成了物联网的准备工作，可以将硬件获得的数据通过物联网进行处理和控制。通过智能设备可以访问和查看。

案例 8-7　检测温湿度上传 SIoT 物联网

1. 任务

传感器检测温度和湿度，上传物联网并实时显示和记录。

图 8-42　物联网模块

2. 算法分析

（1）组建物联网，需要使用 Wi-Fi IoT Module 这一物联网 Wi-Fi 模块，如图 8-42 所示。

（2）使用虾米扩展板自带的温度传感器检测环境温度。

（3）使用虾米扩展板自带的湿度传感器检测环境湿度。

（4）建立 SIot 服务器，用于数据接收、发送和存储。

3. 实验器材

（1）实验器材如表 8-1 所示（虾米扩展板自带温湿度传感器）。

表 8-1　实验器材列表

Micro:bit 主板	
虾米扩展板	
物联网模块	
6～12V 电源	

（2）线路连接如图 8-43 所示（注意将 UART、I^2C 开关拨至 I^2C）。

4. 程序设计

（1）新建项目，在"上传模式"下单击"扩展"，选择 Micro:bit 开发板和虾米扩展板，在通信模块中选择"OBLOQ 物联网模块"，如图 8-44 所示。

物联网模块-接I²C

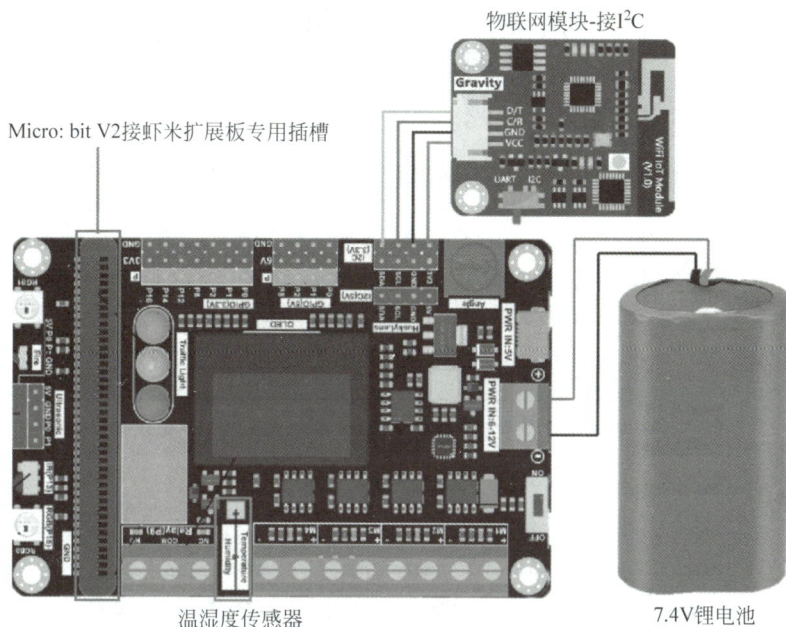

Micro: bit V2接虾米扩展板专用插槽

温湿度传感器

7.4V锂电池

图 8-43 线路连线

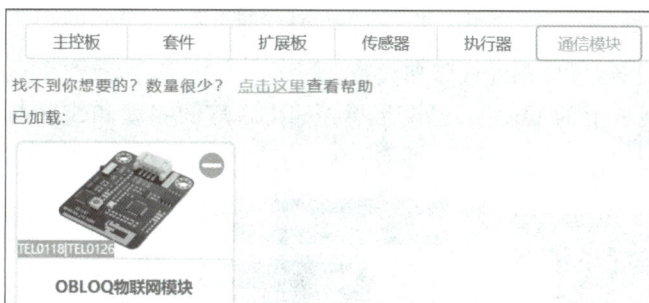

图 8-44 选择物联网模块

（2）计算机作为服务器，打开软件 SIoT_windows_1_2，如图 8-45 所示。

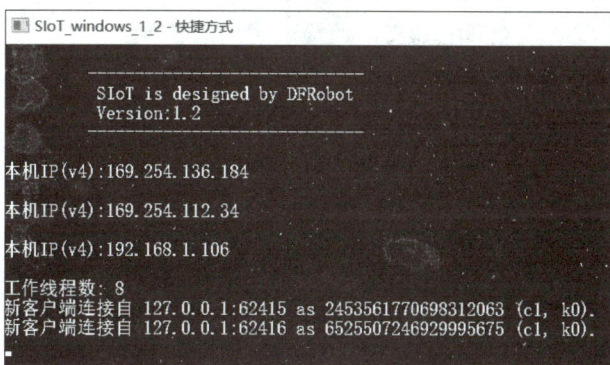

图 8-45 SIoT_windows_1_2 软件

查得本机 IP 地址：192.168.1.106。

打开谷歌浏览器，按图 8-46 所示输入 192.168.1.106:8080。

输入用户名：siot 密码：dfrobot（注意大小写）。单击"登录"按钮后如图 8-47 所示。

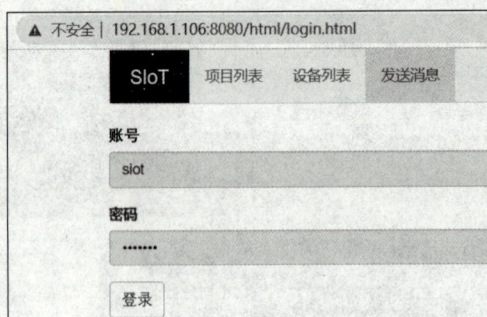

图 8-46　进入 SIoT 登录页面

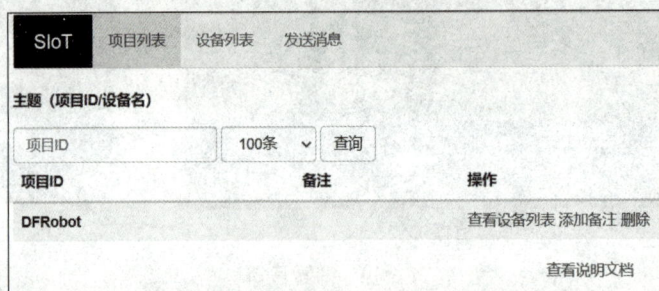

图 8-47　进入 SIoT 主题页面

以上为默认的设备,可以删除或添加设备。

(3) 将虾米扩展板上的 OLED、温度传感器、RGB 灯的亮度和物联网初始化,如图 8-48 所示。

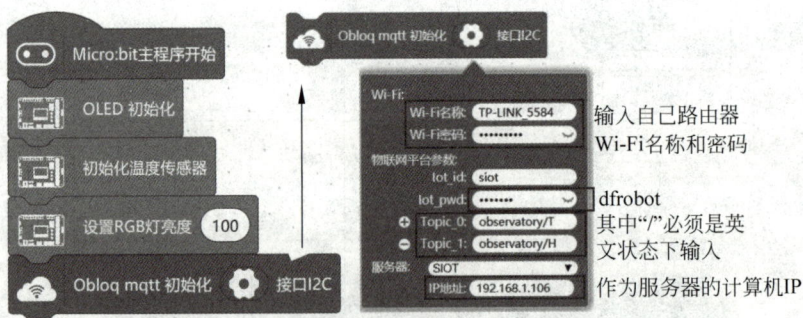

图 8-48　初始化设置

(4) 循环发送温湿度传感器读取的温度和湿度上传到服务器的 Topic_0 和 Topic_1,并在本地 OLED 显示屏显示温度和湿度。程序如图 8-49 所示。

(5) 当 Topic_0 接收到 Obloq 消息,温度低于 18℃,RGB 发蓝色光(冷光);温度高于 28℃,RGB 发红色光(热光);温度为 18～28℃,RGB 发黄色光(暖光)。程序如图 8-50 所示。

(6) 当 Topic_1 接收到 Obloq 消息,湿度为 30%～80%,点阵屏显示对勾,表示湿度正常。程序如图 8-51 所示。

5. 运行效果

连接设备,程序上传。打开电源开关,运行程序。物联网模块亮绿灯表示物联网已连通,网页显示如图 8-52～图 8-54 所示。

图 8-49　数据上传并在本地显示

图 8-50　当 Topic_0 接收到 Obloq 消息的显示

图 8-51　当 Topic_1 接收到 Obloq 消息的显示

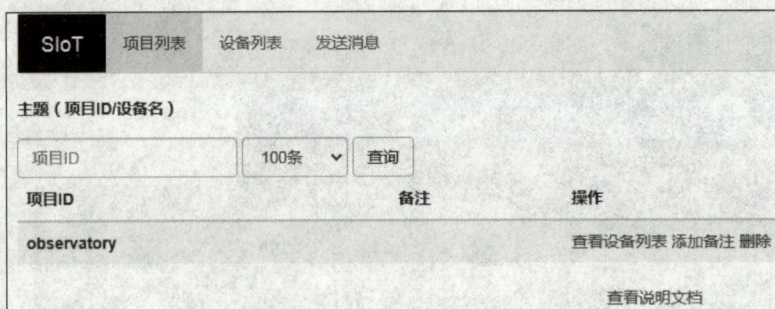

图 8-52　显示主题

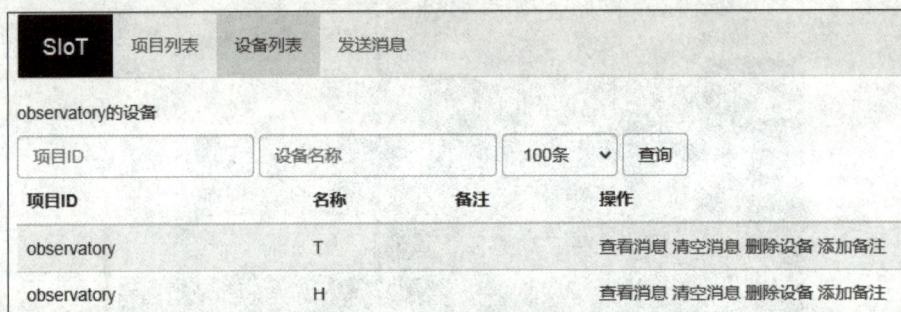

图 8-53　查看设备列表

图 8-54　查看温度

在自己的计算机上建立个人服务器的方法很简单,但需要服务器的程序窗口一直是打开的,会由于自己在计算机上的其他工作引起服务器的不稳定,也容易发生误操作而关闭服务器窗口。而用树莓派建立一个独立的服务器可以很好地解决这一问题,其优点是成本低、耗电少,可以长期不间断地稳定工作;缺点是要经历树莓派系统安装和自启动 SIoT 的设置过程,详见书后附录部分。

案例 8-8 检测温湿度上传 DF 物联网

1. 任务

登录 DF 物联网服务器,将温度、湿度传感器检测的数据上传到服务器。

2. 算法分析

案例 8-7 中的服务器是使用计算机自己搭建的,虽然应用便捷,但却受到空间的限制,无法实现异地数据共享和控制。为了可以远程测量数据以及实现远程控制,DF 提供了物联网服务 Easy IoT,网址为 https://iot.dfrobot.com.cn/,如图 8-55 所示。

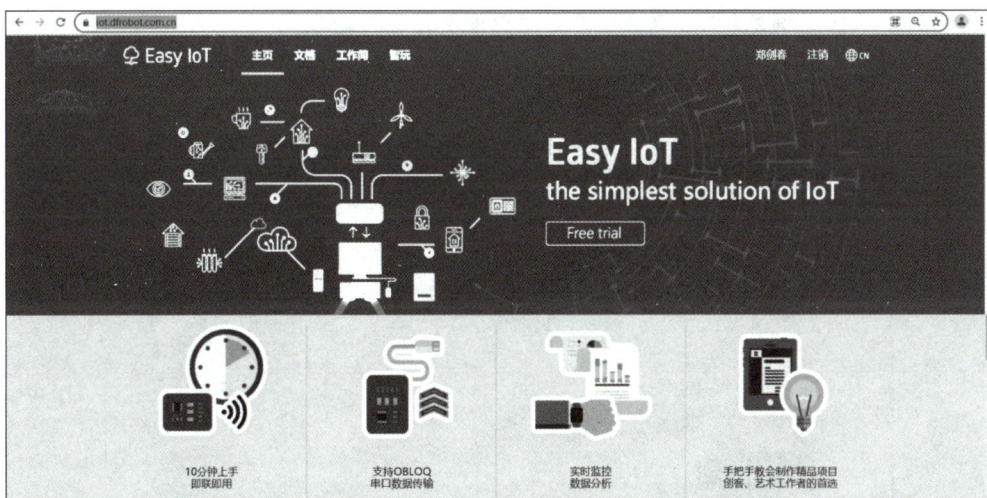

图 8-55 DF 物联网 Easy IoT 主页

注册后登录账户,记录下 Iot_id、Iot_pwd 以及 Topic 的密钥,如图 8-56 所示。

图 8-56 登录后的界面

与案例 8-7 不同的是,在 Obloq mqtt 初始化积木中进行设置,如图 8-57 所示。

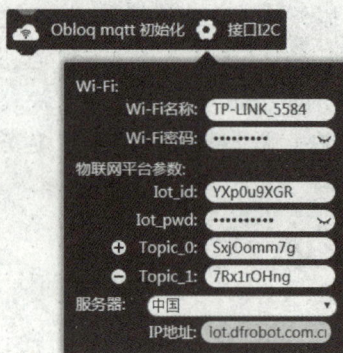

图 8-57　物联网模块初始化设置

3. 实验器材

同案例 8-7。

4. 程序设计

同案例 8-7，详见资源包"案例 8-8 检测温湿度上传 DF 物联网"。

5. 运行效果

在网页窗口单击"查看详情"，可以查看检测的数据和曲线，查看温度如图 8-58 所示。

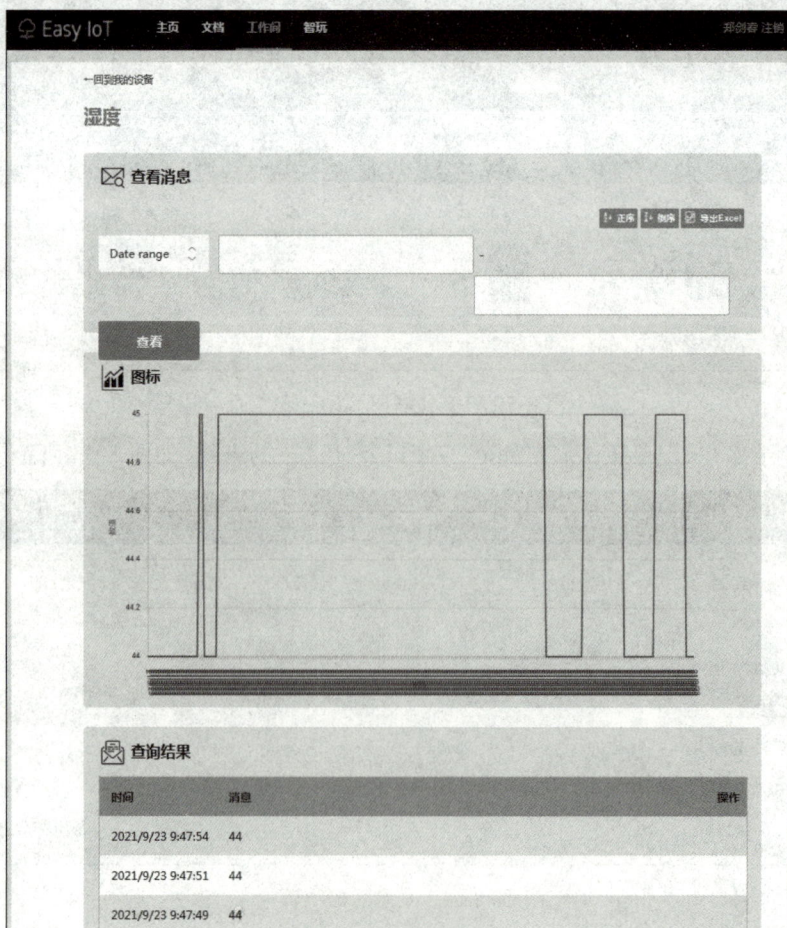

图 8-58　查看温度

第 9 章

学生实验与拓展

传统的课堂实验是由教师进行设计,学生通过遵循实验步骤获得数据,从而验证科学原理,这一过程并不是科学发现的过程,重复这一过程并不会开发学生的科学潜能和创新精神。本章尝试将人工智能、机器人、物联网、编程与传统的实验技术相结合,改变了传统的课堂实验模式,不仅拓展了实验内容,而且让学生有了更深的参与,建立了一个新的实验模式。

9.1 中学实验概述

现行的中学理科实验分为演示性实验、验证性实验和探究性实验。

(1)演示性实验是教师选择必要的实验材料和设备,按照正确的方法和步骤,观察实验现象或直接读取实验数据,加深对学科知识的认知和理解。一般在课堂的导入或知识的讲解过程中进行。

(2)验证性实验是学生利用给定的材料和设备,按照正确的方法和步骤,观察实验现象或读取实验数据,并进行合理的分析处理,得到与学科知识在误差范围内可信的结论。一般在基本的概念和规律学习之后进行。

(3)探究性实验是学生根据自己的探究目标选择必要的实验材料和设备,采用合理的方法和步骤,观察实验现象或读取实验数据,并进行合理的分析处理,得出新的认知或假设。一般在课堂知识的构建过程和课后的拓展实验中进行。

可见,无论是哪一种实验,都需要这样几步:第一是实验目的要明确;第二是选择必要的材料和设备;第三是要有合理的方法和步骤;第四是观察现象获取数据;第五是对数据的处理;第六是得出结论,分析误差。

明确实验目的都不会有问题;但是材料和设备的选择会由于实验目的和方法不同而区别很大,我们以下的实验案例,由于采用的是 Mind+ 软件、Micro:bit 开发板以及 DF 系列硬件作为实验设备的主要部分,所以与传统的理科实验材料和设备有很大不同;随之而来的实验方法和步骤与传统实验也会有不小的差异;实验现象和数据的获取依靠的是各类传感器和物联网;对数据的处理给大家展示了不同的方法,如直接数据的观察法、对比法以及间接数据的计算法、列表法、图像法等。关于误差分析也会在每个案例的后面给出说明,由于实验数据多数不需人工测量、计算、列表或画图,大大减少了实验中人为因素造成的偶然误差,所以只要设备的选择和应用合理、方法得当,误差会控制在很小的范围内。

9.2 基础测量与数据处理

中学实验是从最基础的测量开始的,如测量时间、距离、力、温度、湿度、液体的 pH 值等。本节介绍利用实用的传感器进行基本测量和数据处理的方法,为后续各学科实验开发打下基础。

前面的章节用到的大多是 Micro：bit 开发板和虾米扩展板上自带的传感器，如按钮、声音、环境光强度、指南针、运动姿态、温度/湿度/角度传感器等，主要是为了学习 Mind+软件对硬件的控制逻辑和方法，但是板载传感器在实际实验中有的是用不上的，如要测水的温度不能把虾米扩展板放在水里，测土壤的湿度也不能把虾米扩展板插入土壤中。所以，需要非板载的各种传感器，也就是测量部分能够离开 Micro：bit 开发板或虾米扩展板到达待测区域的传感器，如图 9-1 所示。

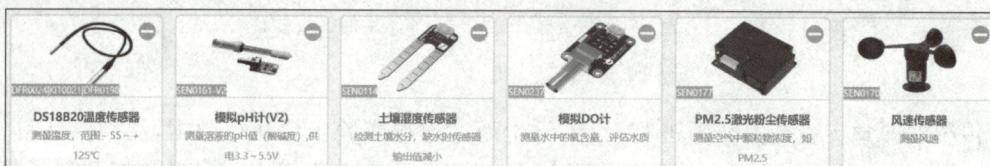

图 9-1　现实中使用的传感器

9.2.1　传感器的连接

传感器与 Micro：bit 开发板或虾米扩展板的连接除了在板上直接集成（板载）外，还可以用预留出的扩展接口（针脚）来连接，图 9-2 所示为虾米扩展板扩展接口（针脚）。其他的开发板或扩展板也都有这样的扩展接口。

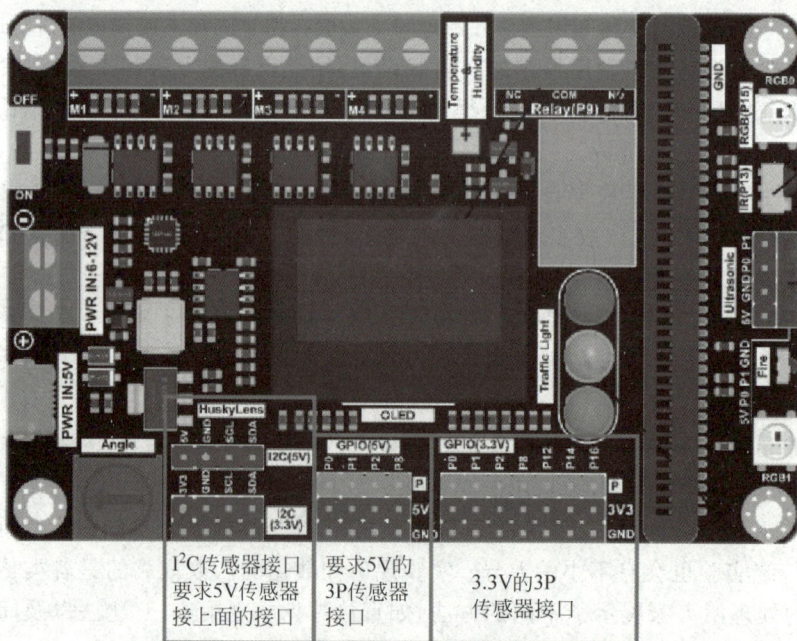

图 9-2　虾米扩展板扩展接口

传感器的连线有三线（3P）和四线（4P）之分，三线有数字（Digital）和模拟（Analog）两类，四线一般是 I^2C 或 UART（虾米扩展板没有这个扩展接口），要注意区分。虾米扩展板中仅有引脚 P0、P1 和 P2 能够读取模拟传感器的值，所有扩展接口都能够读取数字传感器的值。如果使用其他的开发板和扩展板，要细读各自的使用说明。

9.2.2 基础测量

1. 温度的测量

温度的测量方法与被测对象有关。如果测量环境温度,板载温度传感器就可以。如果要测量液体的温度或土壤温度,就要使用专用的温度传感器。本例任务是测出水在加热过程中温度的变化。

(1) 测液体温度硬件连接如图 9-3 所示。

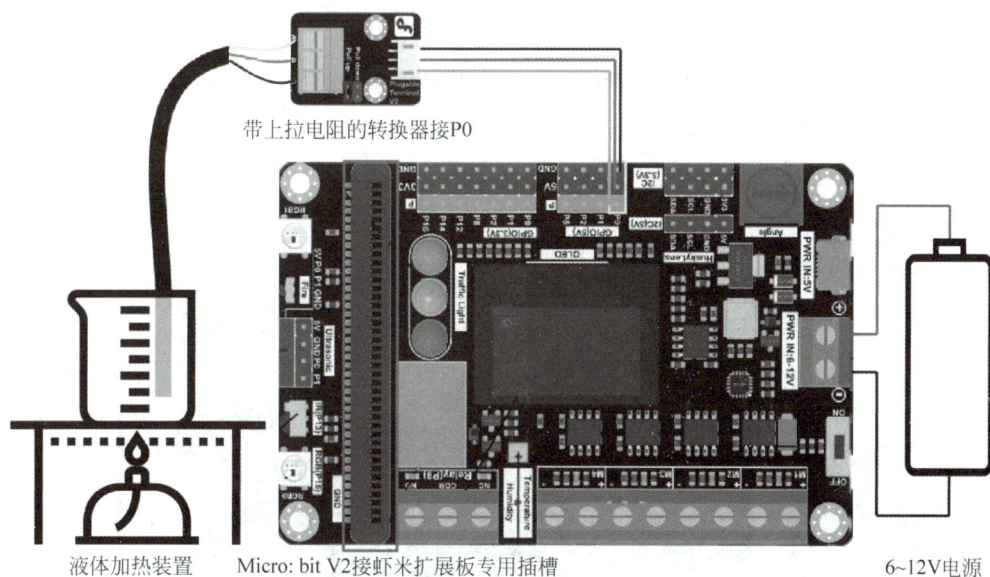

图 9-3　测液体温度硬件连接

(2) 测液体温度程序设计如图 9-4 所示。

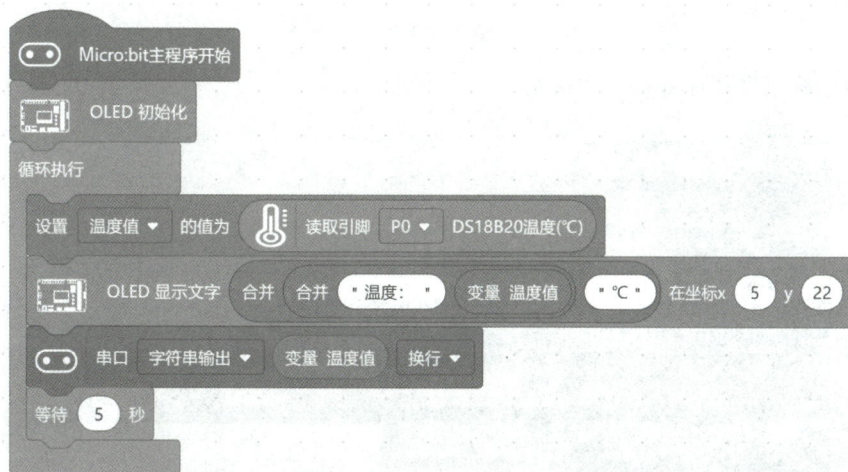

图 9-4　测液体温度程序

(3) 用酒精灯给 80mL 的水加热直到沸腾,观察实验结果,如图 9-5 所示。

2. 湿度的测量

湿度的测量方法也是和被测对象有关,如果测量环境湿度,板载湿度传感器也可以,如果

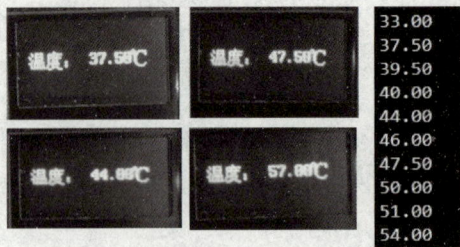

LED显示数据　　　　　串口显示数据

图 9-5　显示实验数据

要测量土壤的湿度就要使用专用的湿度传感器。本例任务是测出土壤湿度的变化。

（1）测土壤湿度硬件连接如图 9-6 所示。

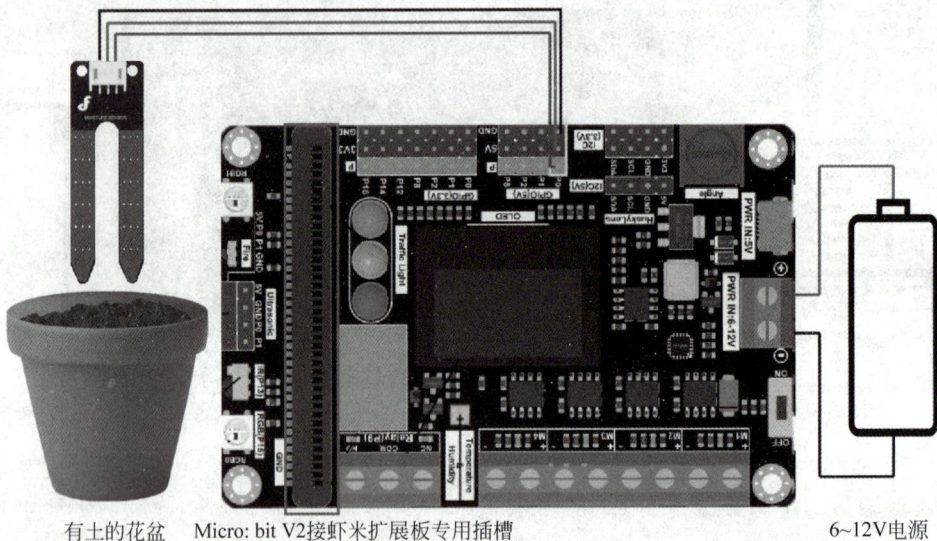

有土的花盆　　Micro: bit V2接虾米扩展板专用插槽　　　　6~12V电源

图 9-6　测土壤湿度硬件连接

（2）测土壤湿度程序如图 9-7 所示。

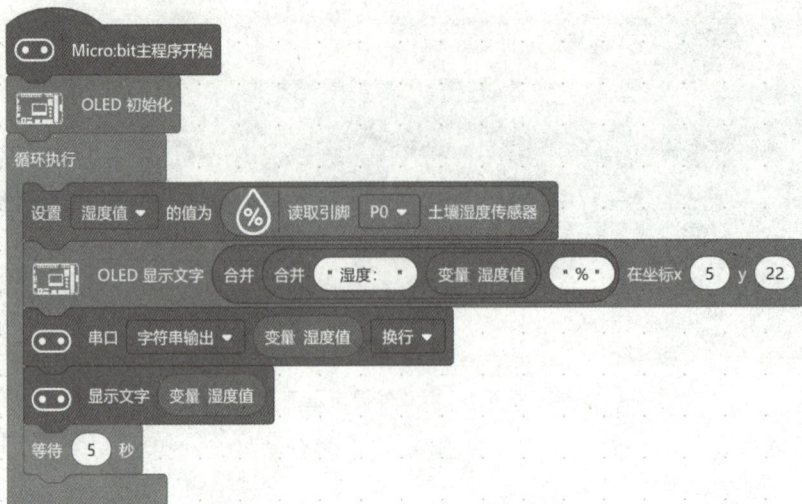

图 9-7　测土壤湿度程序

（3）在花盆中，慢慢加水改变土壤的湿度，观察实验结果，如图 9-8 所示。

3. 液体 pH 值的测量

液体 pH 值的测量最简单的方法是采用 pH 试纸，但要实现实时检测和记录液体 pH 值的变化就要使用模拟 pH 计这种传感器了。本例任务是测出水中加入酸性或碱性液体后 pH 值的变化。

串口显示数据　　LED屏幕显示数据

图 9-8　显示实验数据

（1）硬件连接如图 9-9 所示。

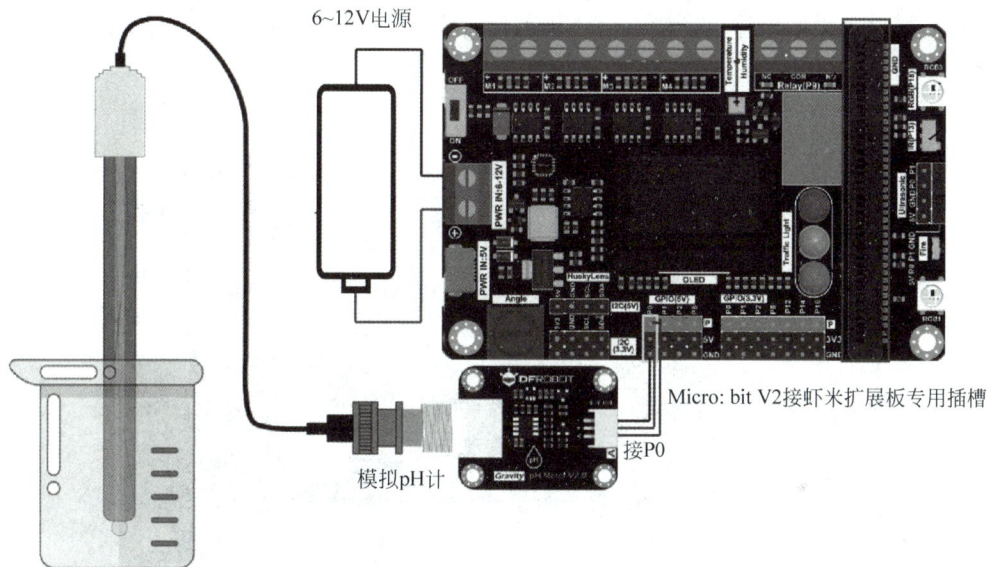

图 9-9　测量液体 pH 值硬件连接

（2）软件设计如图 9-10 所示。

注意：认真阅读模拟 pH 计的使用说明，如电压要求 5V、测量前的校对、程序设计导入传感器选择"模拟 pH 计（V2）"等。

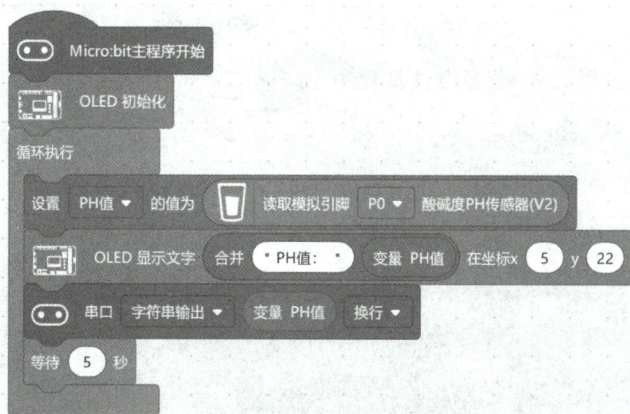

图 9-10　测量液体 pH 值程序

（3）用两个盛有半杯水的小烧杯，一个缓慢加酸，另一个缓慢加碱，观察板载 LED 屏的显示结果，如图 9-11 所示。

图 9-11　液体 pH 值显示

4. 气体的检测

对于各种气体的检测，DFRobot 推出了多种气体检测传感器，包括 CO、O_2、NH_3、H_2S、NO_2、HCl、H_2、PH_3、SO_2、O_3、Cl_2、HF，可广泛应用于石油石化、冶金、矿山等工业场所及环保领域，当然也可以应用在生化实验中。本例任务是利用 Mind+模块化程序支持的 CO 气体检测传感器来检测空气中的 CO 浓度。

（1）测量 CO 气体浓度的硬件连接如图 9-12 所示。

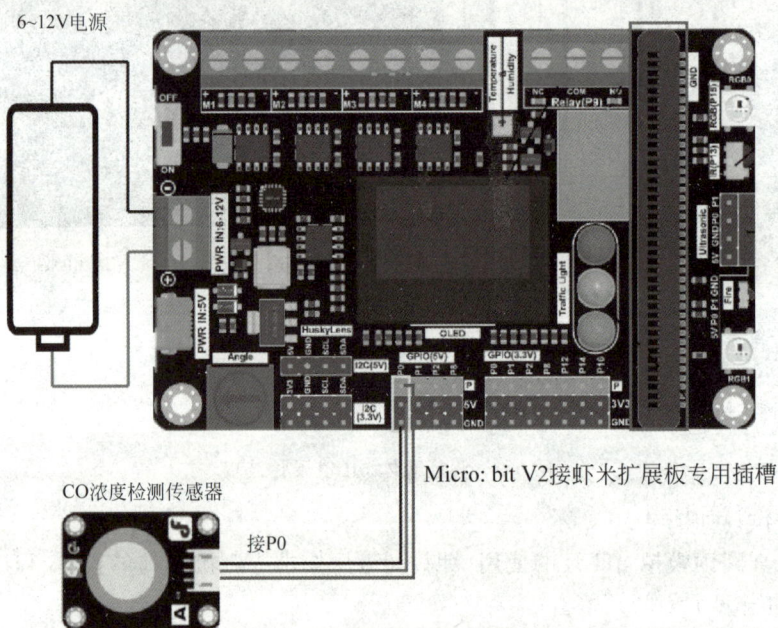

图 9-12　测量 CO 气体浓度的硬件连接

（2）测量 CO 气体浓度的程序设计如图 9-13 所示。

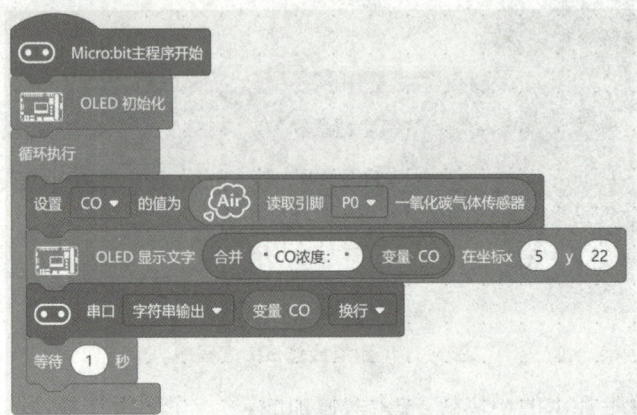

图 9-13　测量 CO 气体浓度的程序设计

（3）将木条点燃后熄灭明火，用烧杯把冒烟的木条和 CO 浓度检测传感器罩住，观察 LED 显示结果，如图 9-14 所示。

图 9-14　CO 气体浓度显示

5. 位移的测量

中学物理中的位移是用刻度尺来测量的，时间是用秒表或打点计时器来计时的，速度是用运动物体的位移除以时间求得。但是如果想实时检测物体运动的位移、时间和速度，这些基本的测量工具就不行了，就要采用开发板和各种传感器。本例任务是用超声波测距传感器实时测量直线运动物体的位移大小变化。

（1）位移测量硬件连接如图 9-15 和图 9-16 所示。

图 9-15　实验装置

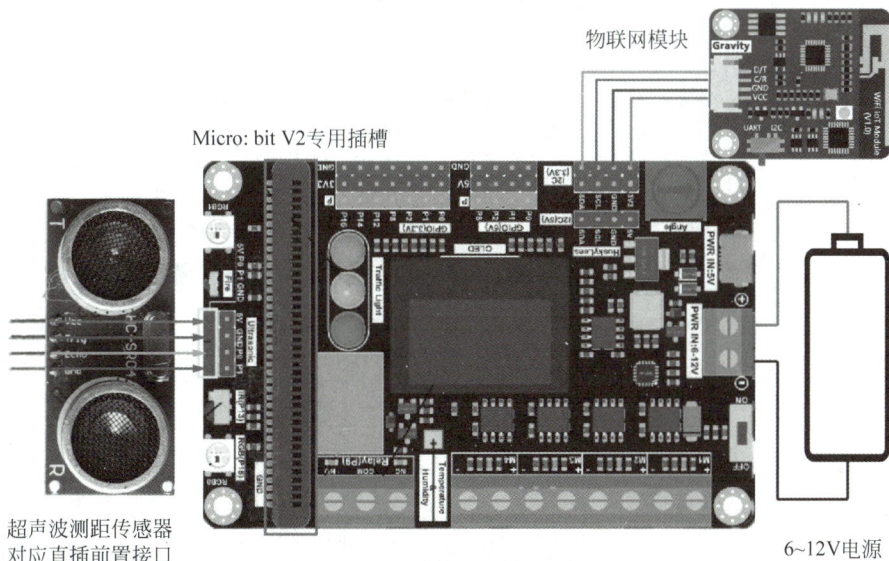

图 9-16　测量位移的硬件连接

由于小车是在运动中实时测量，不能连线到计算机的串口，又不能从 LED 屏上读出，所以实验数据由物联网传输、记录和分析就再好不过了。

（2）位移测量程序设计如图 9-17 所示（可参考第 8 章 8.5 节，其中串口输出积木只在调试时起作用）。

（3）结果显示如图 9-18 和图 9-19 所示。

图 9-17　测量位移的程序

yh321/X	69	2022-03-22 08:55:07
yh321/X	69	2022-03-22 08:55:06
yh321/X	69	2022-03-22 08:55:05
yh321/X	69	2022-03-22 08:55:04
yh321/X	68	2022-03-22 08:55:03
yh321/X	59	2022-03-22 08:55:02
yh321/X	49	2022-03-22 08:55:01
yh321/X	40	2022-03-22 08:55:00
yh321/X	30	2022-03-22 08:54:59
yh321/X	20	2022-03-22 08:54:58
yh321/X	9	2022-03-22 08:54:57
yh321/X	2	2022-03-22 08:54:56
yh321/X	2	2022-03-22 08:54:55

图 9-18　上传到 SIoT 物联网平台的数据

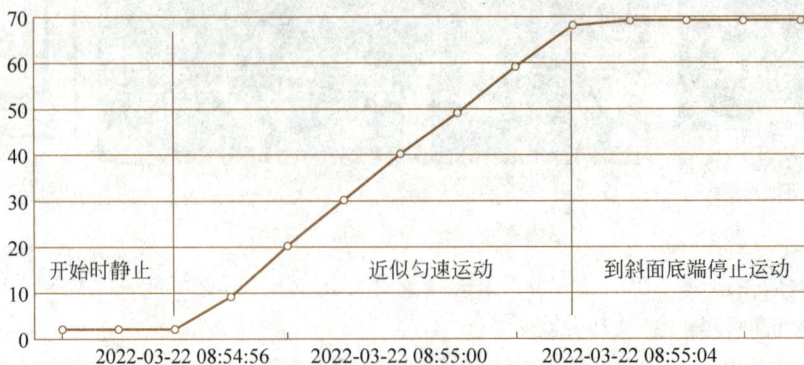

图 9-19　SIoT 物联网平台根据数据实时绘制的图线

9.2.3 数据处理

中学理科实验是使学生通过实验操作学会观察现象、获取数据、分析数据和寻找规律的方法，也就是要求既会观察现象，又会处理数据。

对实验数据的处理概括起来有以下几种方法。

1. 屏幕观察记录法

这是最常用的数据处理方法，把在液晶显示屏、LED 屏或计算机屏幕上的数据记录下来，根据实验要求，利用得到的数据找到规律或找到自动控制的阈值点，如基本测量中的"液体 pH 值的测量"和"气体的浓度测量"，对于大多数学生来说，只要学会测量方法并得出合理的结果即可，数据可从屏幕直接读出。而对于有创造力的学生，可能会想到做一个鱼库水质 pH 值实时检测的报警装置或 CO 浓度报警器等，这都需要从实验数据中找到合适的阈值点和对数据的持久实时监测。

2. 串口数据导出法

当计算机与开发板用 USB 线连接时，如果程序设计了串口显示，则可以从串口中按 Ctrl+C 组合键和 Ctrl+V 组合键导出数据，手工绘制图像或利用 Excel 把数据点生成图像。例如，基本测量中的"温度测量"是对水加热期间，观察水温度的变化，可以把数据导出到 Excel 或 WPS 的电子表格中生成图像。如图 9-20 所示，如果数据量很大，可把导出的数据以每 5 个数据取一个数据点，对数据进行筛选，所以每两个数据点时间间隔是 $5 \times 5 = 25 (s)$ 作为时间单位，不同的实验程序"等待时间"可能不同，时间单位也就不同。由数据生成的曲线可以看出，随着加热时间的增加，温度不断升高，但水沸腾后虽然继续加热，可温度却不再升高。这个温度就是水的沸点 100℃左右，图像很直观地呈现了这一规律。

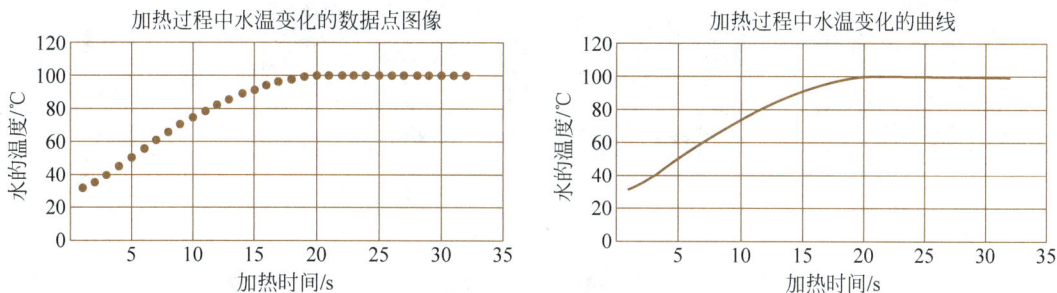

图 9-20 由实验数据生成的图像

根据实验数据生成图线的流程如图 9-21 所示。

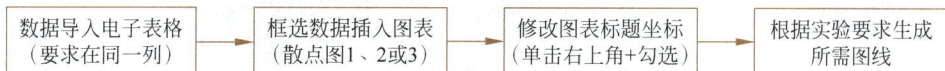

图 9-21 电子表格生成图线的流程框图

3. 实验数据实时上传到物联网服务器

如基础测量的"位移的测量"就是实验数据上传物联网服务器，服务器上实时保存数据，并可显示由数据生成的图像，如图 9-18 和图 9-19 所示。当然也可以从物联网服务器把数据导出，再用电子表格进行数据处理。

4. Mind+实时模式下由列表导出数据

见第 6 章的案例 6-2。

5. Mind+实时模式下舞台实时显示

利用画笔功能实时画出数据点和由数据点组成的规律图线。第 6 章案例 6-3 至案例 6-5 以及本章后面的案例 9-6 至案例 9-8 都是用这种方法呈现。

当然还有其他方法来存储和处理数据,如将数据存入 SD 卡等,本书案例未涉及就不再罗列。总之,不同的实验应选择不同的数据存储和数据处理方法,请看以下案例。

9.3　实验案例

案例 9-1　制作一个气象站

任务:制作一个气象站用以检测 PM2.5 和温湿度及风速。

1. 算法分析

(1)气象站需要提供温度、湿度、PM2.5 及风速的检测,因此需要温度传感器、湿度传感器、PM2.5 传感器和风速传感器。

(2)不同传感器的工作电压不同,在连接传感器时,要阅读产品技术规格和技术参数,需要时还要提供电源等外接设备。

(3)检测数据可以通过虾米扩展板自带的屏幕显示,也可以通过语音合成模块进行播报,并可以通过物联网进行分享。

2. 实验器材

(1)实验器材如表 9-1 所示。

表 9-1　实验器材列表

Micro:bit 开发板	虾米扩展板	PM2.5 激光粉尘环境质量传感器 V2	DHT11 温湿度传感器
9V 干电池组	14.5V 直流电源	风速计	

(2)实验器材连接如图 9-22 所示。

3. 程序设计

(1)新建项目,选择"上传模式"。

(2)通过"扩展"引入 Micro:bit 开发板和虾米扩展板。

(3)通过 USB 线将计算机与设备连接。

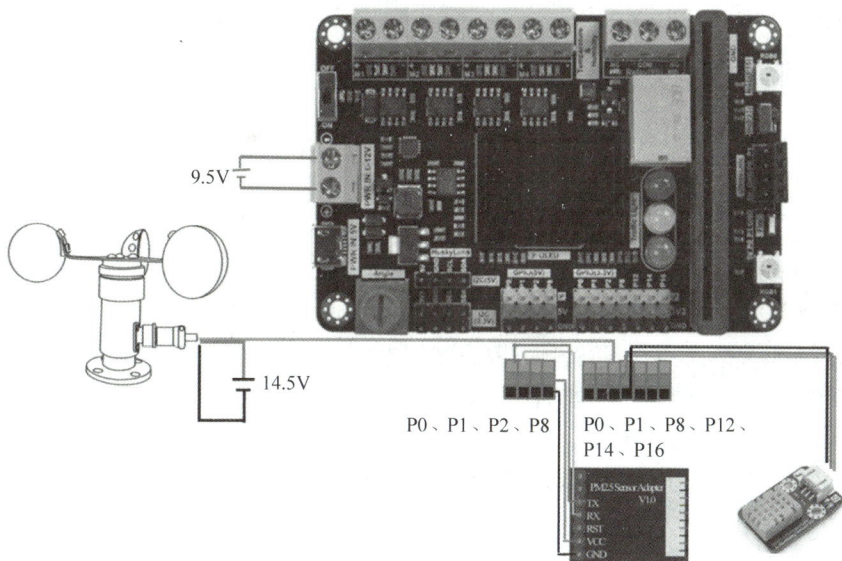

图 9-22　实验器材连接线路

（4）设计程序如图 9-23 所示。

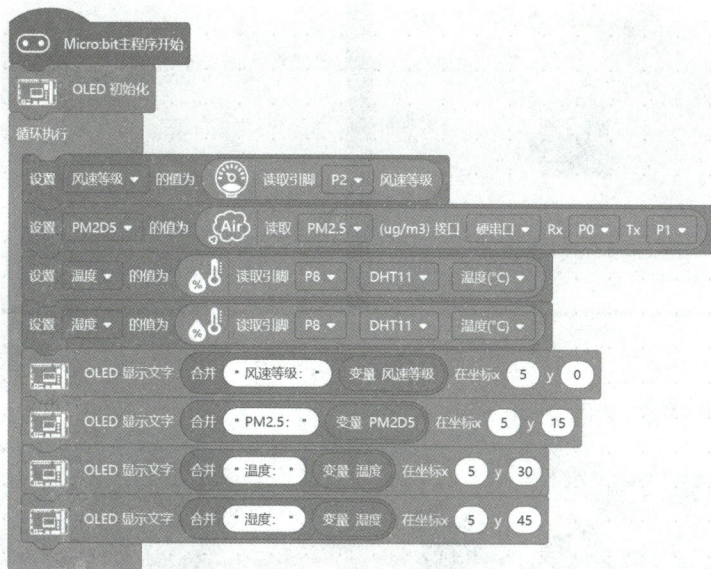

图 9-23　程序设计

4. 上传并运行程序、观察效果

运行如图 9-24 所示。

5. 拓展练习

利用虾米扩展板的板载温湿度传感器，修改部分程序，对比实验结果，分析误差；也可尝试数据实时上传物联网或语音播报。参考第 8 章 8.5 节内容。

参考程序见资源包"案例 9-1-T 制作一个气象站.sb3"。

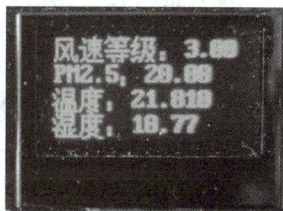

图 9-24　运行效果

6．误差分析与数据处理方法

本实验误差的产生原因主要是温湿度传感器、PM2.5激光粉尘环境质量传感器和风速传感器等硬件，属于系统误差。实验数据是由传感器通过开发板运行程序直接在显示屏上显示，不需更多的处理。

案例 9-2　测量小车运行速度

任务：通过白背景中的黑线和 Mini 循线传感器测量运动小车的速度。

1．算法分析

（1）在小车底部安装具有数字输出的 Mini 循线传感器，可以检测白底中的黑线，也可以检测黑底中的白线，从而形成高低电平的变化。

（2）测出白背景下黑线的长度 X，表示小车运动的位移。

（3）测出进入黑线和离开黑线的时刻 t_1 和 t_2，就可以求出通过黑线的时间 t_2-t_1。

（4）求出小车的速度 $v=X/(t_2-t_1)$，并在虾米扩展板的 OLED 屏上显示。

2．实验器材

（1）场地示意如图 9-25 所示。

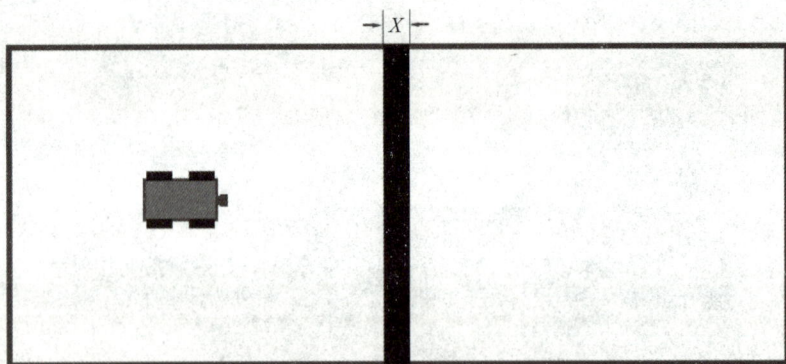

图 9-25　场地示意图

（2）小车结构搭建，如图 9-26 所示。

图 9-26　小车结构搭建

（3）实验器材如表9-2所示。

表 9-2 实验器材列表

| Micro:bit 开发板 | 虾米扩展板 | 9V 干电池组 |

| Mini 循线传感器 V5.0，连接端口：P0 | 带接口金属齿轮减速电机 2 个 |

（4）电路连线如图9-27所示。

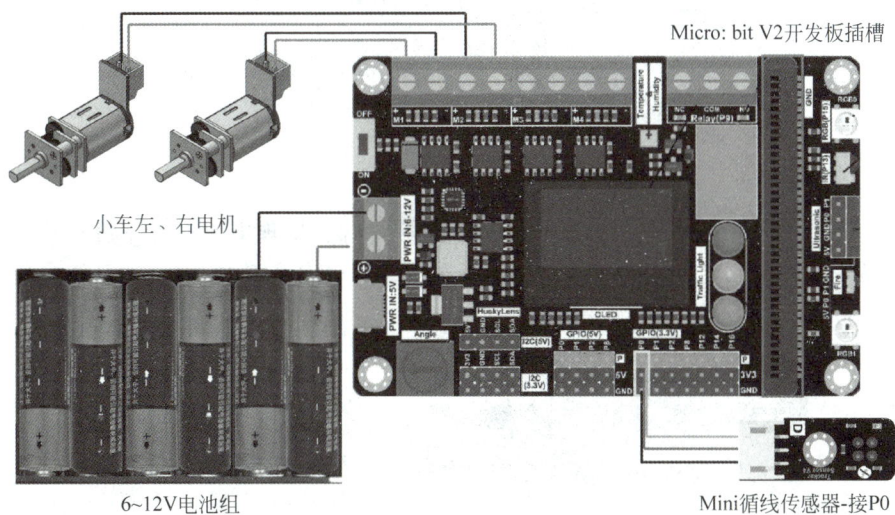

图 9-27 电路连线

3. 程序设计

（1）新建项目，选择"上传模式"。

（2）通过"扩展"引入 Micro:bit 开发板和虾米扩展板。

（3）通过 USB 线将计算机与设备连接。

（4）新建变量 X、t_1、t_2、V、pwm，对板载 OLED 和变量 X 初始化，如图 9-28 所示。

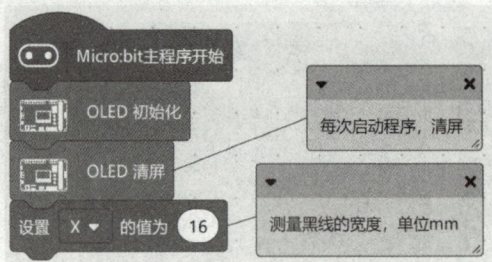

图 9-28　初始化

（5）为驱动电机的变量"pwm"赋值（可用红外遥控的方式改变 pwm 的值，见本案例"拓展练习"），并驱动电机，如图 9-29 所示。

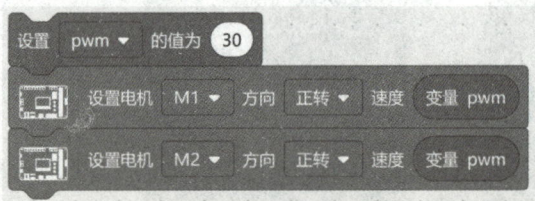

图 9-29　驱动电机

（6）求出速度值，并在板载 OLED 屏上显示，如图 9-30 所示。

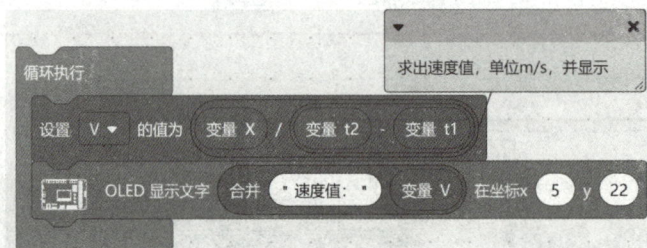

图 9-30　显示速度值

（7）当小车由白地面进入黑线时，P0 由 1（高）到 0（低）呈现电平突然下降的变化，此时记录系统时间作为进入黑线的时刻 t_1。完成这一步，调用"功能模块"中的"引脚中断"非常合适，如图 9-31 所示。

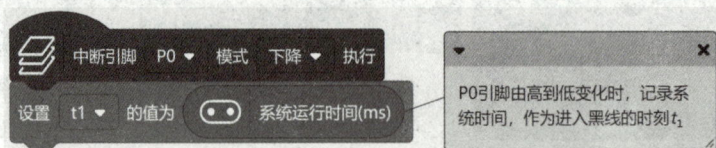

图 9-31　记录进入黑线时刻

（8）当小车离开黑线时，P0 由 0（低）到 1（高）呈现电平突然上升的变化，此时记录系统时间作为离开黑线的时刻 t_2，并停车。同样调用"功能模块"中的"引脚中断"来实现，如图 9-32 所示。

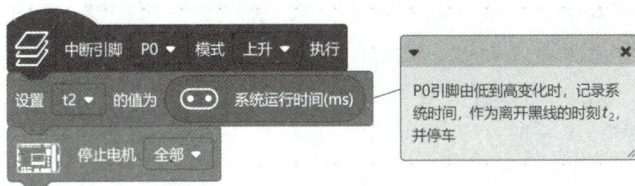

图 9-32　记录离开黑线时刻

4. 上传并运行程序、观察效果

本案例的黑线宽度 X 和变量 pwm 都是运行程序之前手动设置的,能否用无线通信或红外遥控实现 X 和 pwm 的更改呢? 答案是肯定的,请参照第 7 章的相关内容。

5. 拓展练习

用无线通信或红外遥控改变"pwm"的值,测出小车在不同"pwm"驱动下的不同速度值。(参考程序见压缩包"案例 9-2-T")

提示:由于 Micro:bitV2 开发板在目前 Mind+ 中的"无线通信"和"中断引脚"不能共用,所以建议用红外遥控。可参考第 7 章 7.2 节内容。如果要用无线通信可用 Micro:bit 一代开发板和两用扩展板(目前虾米扩展板不兼容 Micro:bit 一代开发板),但要加一个 OLED 显示屏或其他显示方式。

本实验测速的方法可以应用于弹性碰撞、动量守恒以及能量守恒等多项实验。

参考程序见资源包"案例 9-2-T 测量小车运行速度.sb3"。

6. 误差分析与数据处理方法

本实验的数据是由三部分组成:一是黑线宽度 X 的人工测量,存在偶然误差;二是循线传感器触发的两个系统时刻 t_1、t_2,存在系统误差;三是通过黑线的时间 $t_2 - t_1$ 和小车的速度 $v = X/(t_2 - t_1)$ 是开发板计算后直接在显示屏显示,也属于系统误差。实验数据的处理方法是开发板运行程序中的公式计算得出的结果,可以用多次测量取平均值的方法来减小误差。

案例 9-3　测量声音在空气中传播的速度

任务:通过两个 Micro:bit 开发板和虾米扩展板测量声音在空气中的传播速度。

1. 算法分析

(1)因为通常情况下声音在空气中传播的速度约为 340m/s,精确测量需要专用的声速测量仪器,可以用简单的设备进行较为精确的测量。

(2)测量原理示意如图 9-33 所示。

图 9-33　测量原理示意图

由于 Micro:bit 开发板的系统时间精度是 1ms,按声速 340m/s 计算,1ms 声音传播 0.34m,10ms 声音传播 3.4m,要想获得满意的测量结果,两个开发板距离需要大于 10m,距离越远相对误差越小,但太远声音强度的衰减会很大,会增加检测难度。同时两个开发板的无线传输距离也有限度,所以距离要根据实际情况综合考虑。

(3)反馈端开发板是收到声音信号后,向声源端开发板发送"收到"指令"S",由于两个开发板的通信是无线电波,传输速度 3×10^8 m/s,远远大于 340m/s,所以在误差允许的范围内可以忽略无线传输时间。

(4)声源端开发板在声音发出的同时记录系统时间 T_1,当收到反馈端开发板的"收到"指令"S"时,再次记录系统时间 T_2,就可以计算出声音传播的时间 T_2-T_1。

(5)再根据 $v=X/(T_2-T_1)$ 求出声速。多次测量,去除相差很大的数据,取同一距离速度的平均值,就是所得的测量结果。

2. 实验器材

(1)实验器材如表 9-3 所示。

表 9-3　实验器材列表

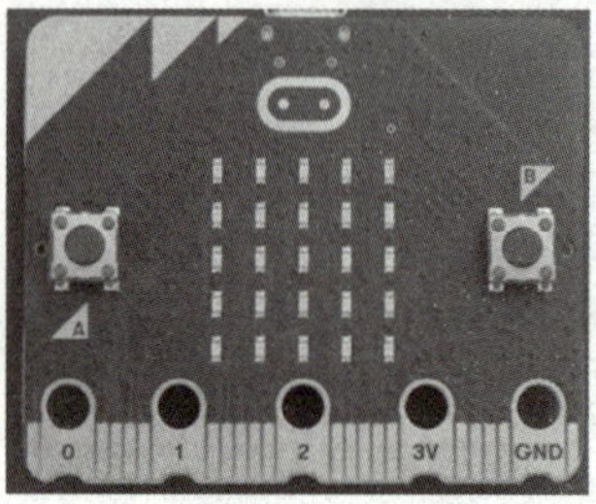		
Micro:bit 开发板	虾米扩展板	模拟声音传感器 2 个, 连接端口:P0
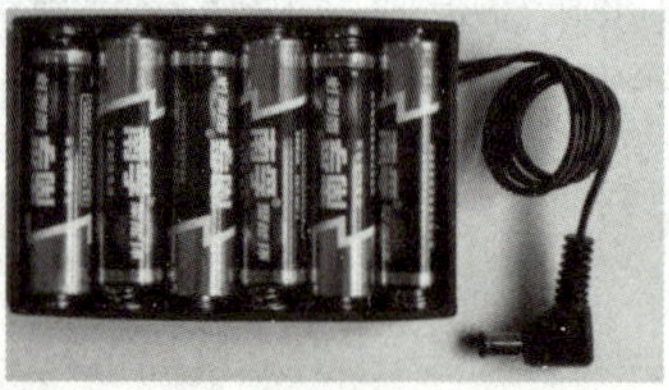	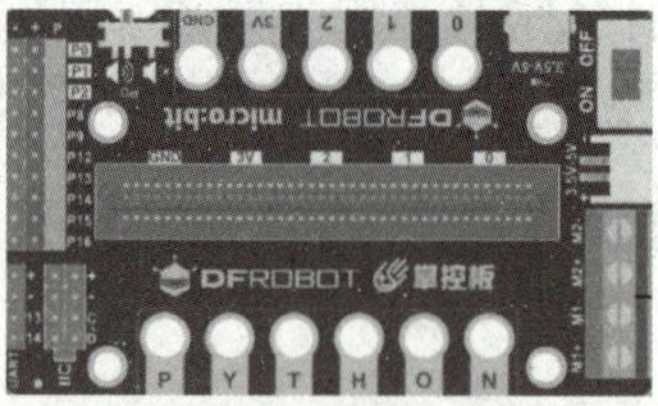	
9V 干电池组	(选用)两用扩展板 (配套电源 3.5～5V)	

(2)电路连接。

① 声源端电路连接,如图 9-34 所示。

② 反馈端电路连接,如图 9-35 所示。

3. 程序设计

1)声源端

(1)新建项目,在"上传模式"下单击左下角的"扩展",选择 Micro:bit 主控板和虾米扩展板,如图 9-36 所示。

(2)设置无线通信,对板载 OLED 初始化,给传输距离变量 X 赋值,如图 9-37 所示。

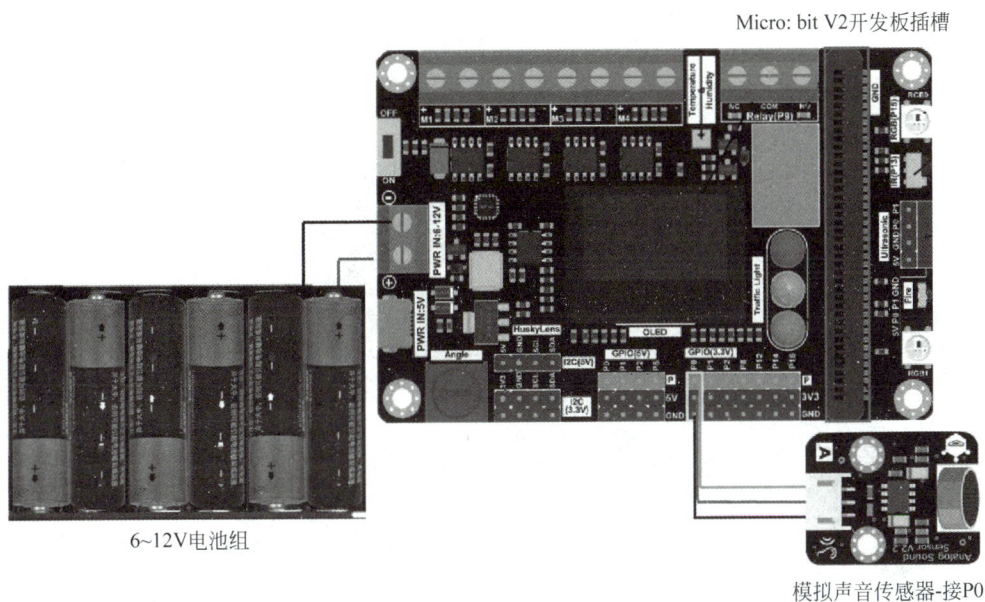

Micro: bit V2开发板插槽

6~12V电池组

模拟声音传感器-接P0

图 9-34 声源端电路连接

3.5~5V电池组

模拟声音传感器-接P0

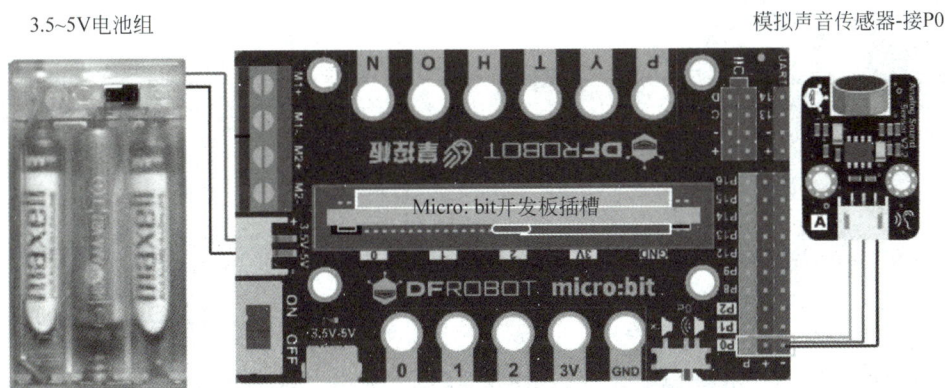

Micro: bit开发板插槽

图 9-35 反馈端电路连接

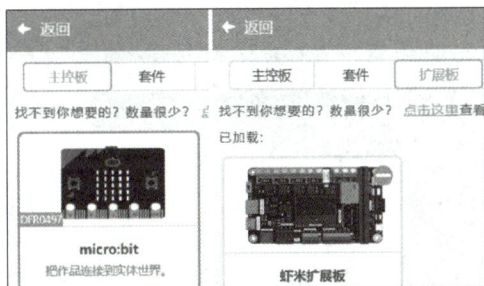

图 9-36 选择主控板和虾米扩展板

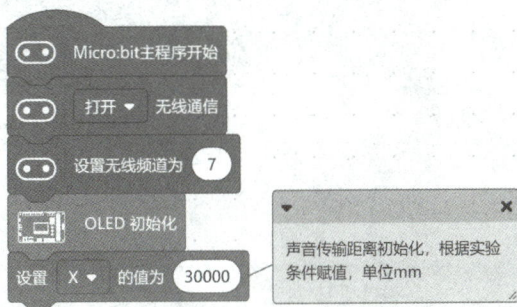

图 9-37 初始化设置

（3）循环检测声音的强度，判断是否为声源发出的声音，若满足条件则记录发声时刻 T_1，如图 9-38 所示。

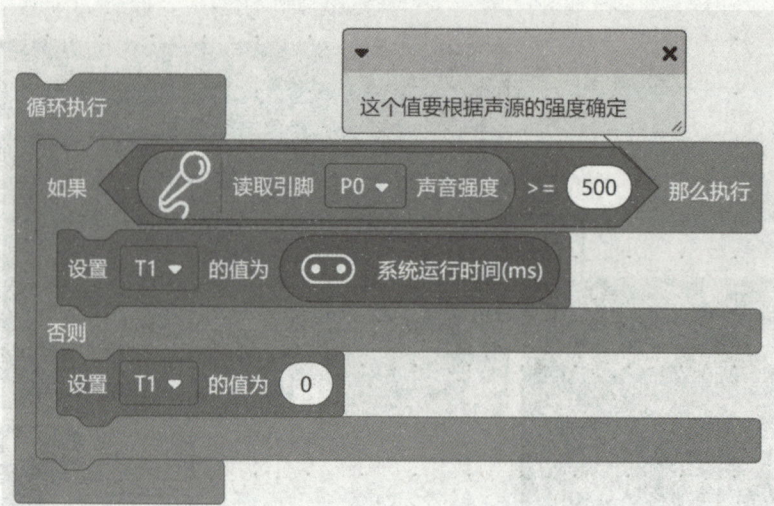

图 9-38　记录发声时刻

（4）当收到反馈端发送过来的无线数据时，记录系统时间 T_2 作为反馈端听到声音的时刻（此处忽略了无线通信的时间，理由见算法分析），如图 9-39 所示。

图 9-39　记录闻声时刻

（5）如果发声时刻 T_1 和闻声时刻 T_2 同时不为零，说明完成一次对应时刻数据的采集，对数据进行处理，计算出每次测试的声速值并显示，如图 9-40 所示。

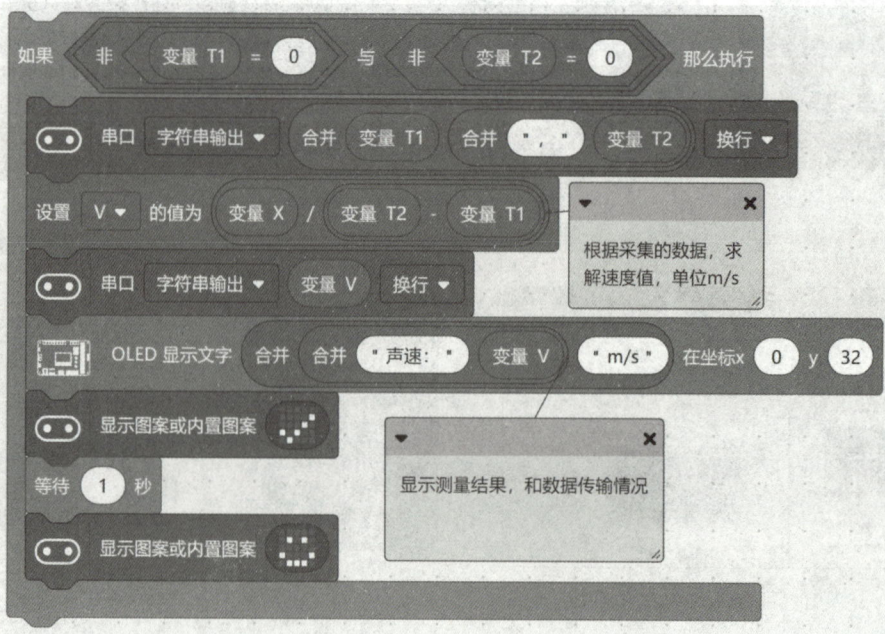

图 9-40　处理数据并显示结果

2）反馈端

（1）新建项目，在"上传模式"下单击左下角的"扩展"，选择 Micro：bit 开发板和两用扩展板，如图 9-41 所示。

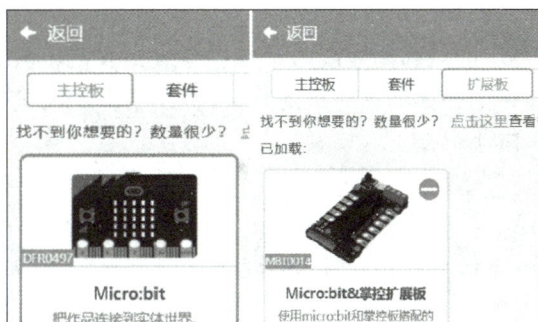

图 9-41　开发板和两用扩展板

（2）设置无线通信，循环检测收到声音的强度，若满足要求则反馈信息，如图 9-42 所示。

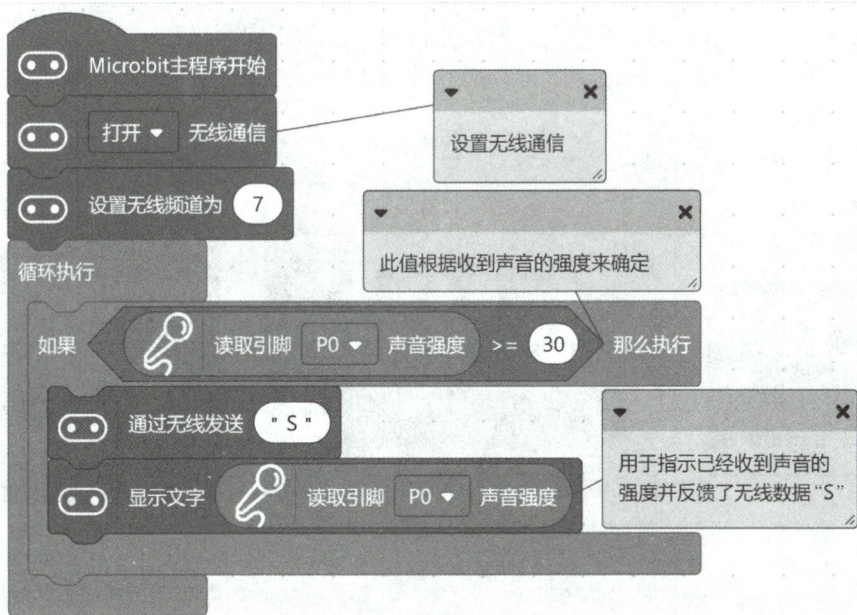

图 9-42　反馈信息

4. 上传并运行程序、观察效果

运行结果如图 9-43 所示。

本案例中的声音强度和传播距离对实验精度的影响很大，需要根据实验器材和实验环境的具体情况选择和调试。

本案例的完整程序见资源包"案例 9-3 双板测声速（反馈端）.sb3"和"案例 9-3 双板测声速（声源端）.sb3"。

图 9-43　其中一次的测试结果显示

5. 拓展练习

实验发现，即使发送端和接收端都在声源处，T_1 和 T_2 也并不相同，原因是什么呢？如果用一套开发板是否可以解决这个问题呢？尝试一下，还可能会遇到其他的问题。

6. 误差分析与数据处理方法

本实验的数据与案例 9-2 类似,由三部分组成:一是两端 X 的人工测量,存在偶然误差;二是声音传感器触发的两个系统时刻 T_1、T_2,存在系统误差;三是声音传播的时间 T_2-T_1 和声音的速度 $v=X/(T_2-T_1)$ 是开发板计算后直接在显示屏显示,包括忽略无线传输时间也属于系统误差。另外,环境的风和高强度的噪声也会对实验产生很大影响。数据的处理方法主要是开发板运行程序中的公式计算得出的结果,可以用多次测量去除偏离较大的数据后取平均值的方法来进一步减小误差。

案例 9-4　显示声音的音调和响度变化

任务:设计一个实验,显示声音的音调和响度变化。

1. 算法分析

(1) 声音有三要素,即音调(指的是频率)、响度(振幅或音量)、音色(由发声体材质决定),这里要显示的是音乐中不同音调的声音,响度的大小变化。

(2) 音源选择电视或网络音乐。

(3) 使用 Audio Analyzer 音频分析模块检测出声音的不同频段。

(4) 有两种简单的显示方式:用灯带显示;用实时模式下的舞台图像显示。

2. 实验器材

(1) 实验器材列表如表 9-4 所示。

表 9-4　实验器材列表

Micro:bit 主板	两用扩展板	功能模块:Audio Analyzer 音频分析模块,连接端口:P0
灯带 5 条	电源 3.5～5V	模拟声音传感器 2 个

（2）电路连接如图 9-44 所示。

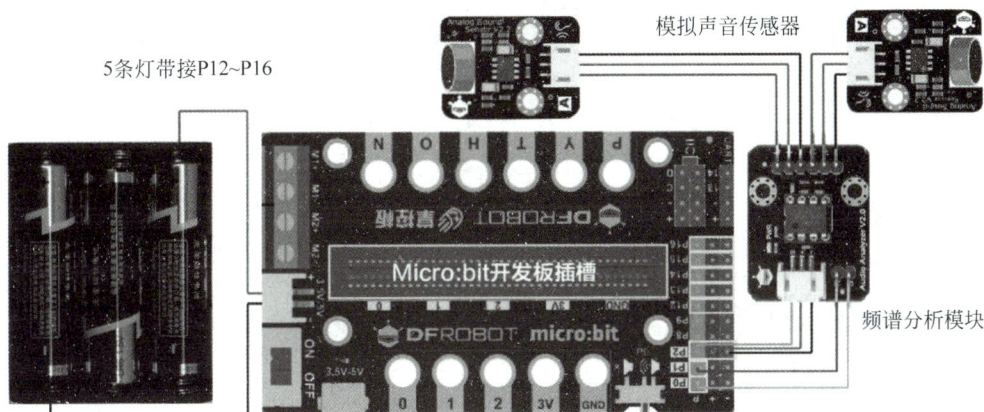

图 9-44　电路连接

3. 程序设计

1）灯带显示

（1）新建项目，选择"上传模式"，通过左下角的"扩展"引入 Micro：bit 开发板和两用扩展板，引入显示器模块中的灯带，如图 9-45 所示。

图 9-45　选择灯带显示

（2）先将 5 条灯带初始化，用于显示 400Hz、1kHz、2.5kHz、6.25kHz、16kHz 频段的音频，如图 9-46 所示。

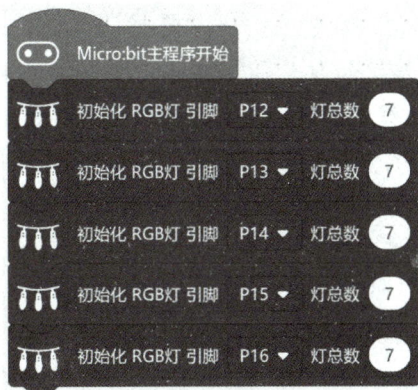

图 9-46　灯带初始化

（3）在功能模块中选择音频分析模块，如图 9-47 所示。

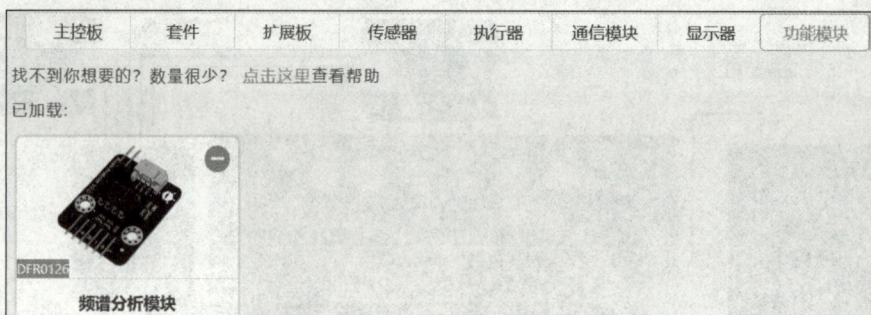

图 9-47　选择频谱分析模块

（4）设置音频分析模块，如图 9-48 所示。

图 9-48　设置音频分析模块

（5）新建变量 A400、A1000、A2500、A6250、A16000，程序运行时模拟声音传感器，循环检测声音信号，传入音频分析模块，分频后把各频段的响度值赋值给对应的变量，如图 9-49 所示。

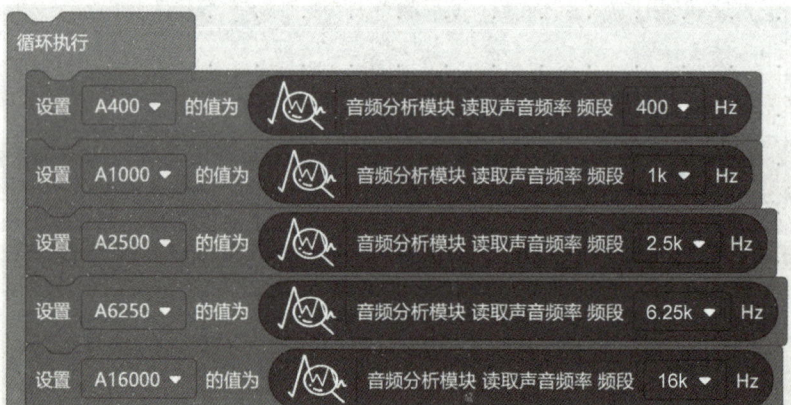

图 9-49　为变量循环赋值

（6）设置灯带循环显示各频段的声音强度（响度），如图 9-50 所示。

（7）完整程序详见资源包"案例 9-4 声音的音调和响度灯带显示.sb3"。

（8）播放音乐，运行程序，观察效果。见资源包"案例 9-4 声音的音调和响度灯带显示.mp4"。

2）舞台图像显示

由于需要使用音频分析模块，因此需要选择"上传模式"，但是上传模式无法在舞台上显示实时的图像效果，为解决这一问题，这里选择使用两个 Micro:bit 控制板，通过无线通信进行连接。

（1）发射端程序设计（电路连接可以不变，或去掉灯带）。

① 新建项目，选择"上传模式"，通过"扩展"引入 Micro:bit 开发板和两用扩展板，在功能模块中选择"音频分析模块"，单击"返回"。

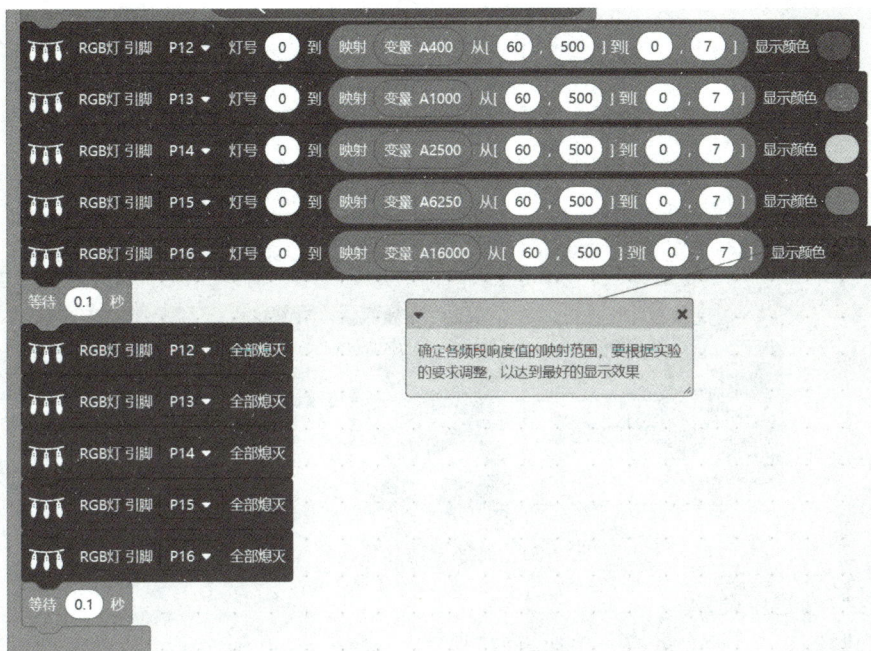

图 9-50 灯带循环显示

② 设置无线通信和音频分析模块,如图 9-51 所示。

③ 创建新变量 S_1、S_2、S_3、S_4、S_5、S_6、S_7,程序运行时模拟声音传感器,循环检测声音信号,传入音频分析模块,分频后把各频段的响度值赋值给对应的变量,如图 9-52 所示。

图 9-51 设置无线通信和音频分析模块

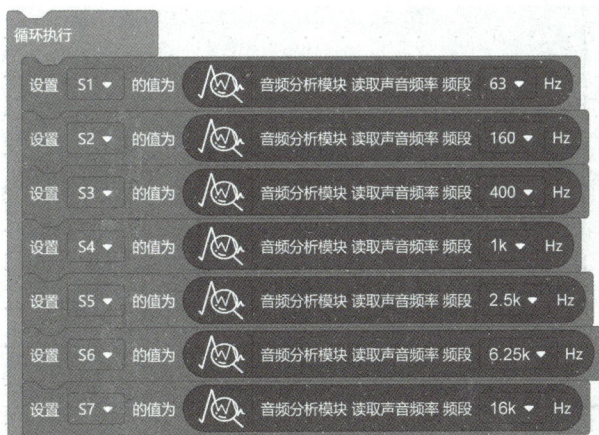

图 9-52 循环为变量数值

④ 把各变量的值通过无线发送出去,由于不能同时发送多条指令,所以分时依次发送;发送完毕显示标识。发送"A"用于清除这轮数据为下轮显示做好准备,如图 9-53 所示。

⑤ 上传程序,观察是否有数据发送完毕标识的循环显示。

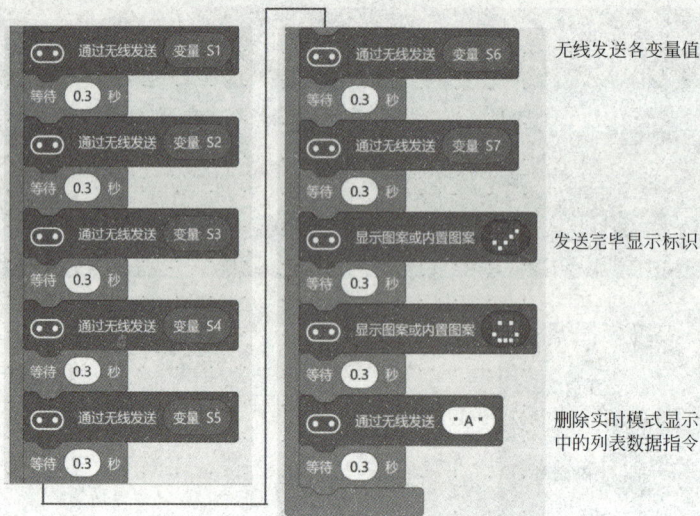

无线发送各变量值

发送完毕显示标识

删除实时模式显示
中的列表数据指令

图 9-53　无线发送数据和指令

（2）接收端程序设计。

① 新建项目，选择"实时模式"，通过"扩展"引入 Micro：bit 开发板。

② 删除默认角色，添加"球"并再复制 6 个，在各角色的造型中选择一个与其他角色不同颜色的造型或为造型重新填充颜色并删除其他造型，可以按红、橙、黄、绿、青、蓝、紫的顺序排列，也可以按球的 1、2、3、4、5、6、7 的顺序排列，表示各段声音频率由低到高排列。另外，绘制一个横轴和纵轴作为"坐标轴"角色，舞台背景选择 Xy-grid-30px，如图 9-54 所示。

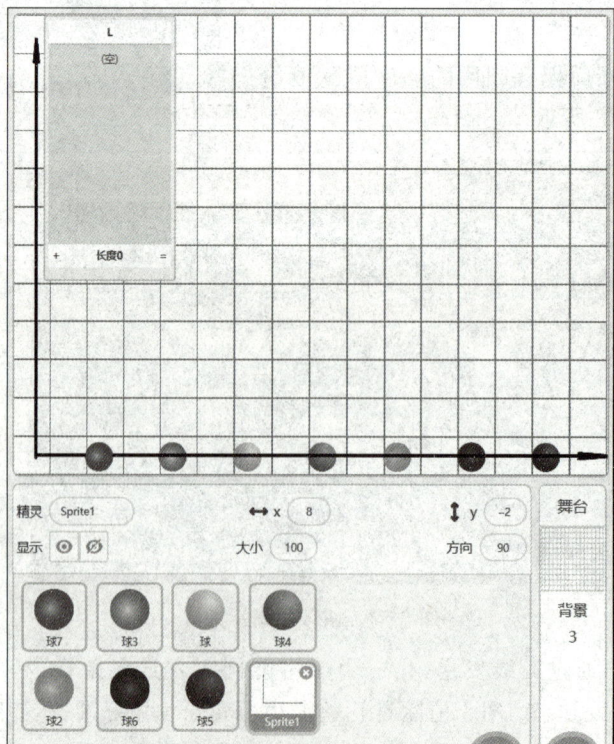

图 9-54　添加角色和背景

③ 选择绘制的"坐标轴"编写主程序(或者点选背景编写),如图 9-55 所示。

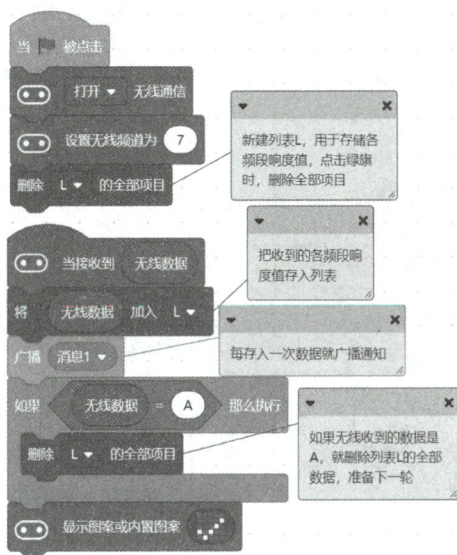

图 9-55　实时显示主程序

④ 依次为各角色编写程序,每一小球 X 坐标相距 60,Y 坐标的 0 选择背景坐标的−165,也是各小球的初始位置。当收到广播消息时,小球显示的 Y 坐标值等于−165＋列表 L 对应的列表项,如图 9-56 所示。

图 9-56　代表各频段的小球程序

⑤ 连接用于接收无线通信的 Micro：bit 开发板，播放音乐，单击绿旗运行程序。

⑥ 运行效果如图 9-57 所示（见资源包"案例 9-4 声音的音调和响度舞台显示.mp4"）。

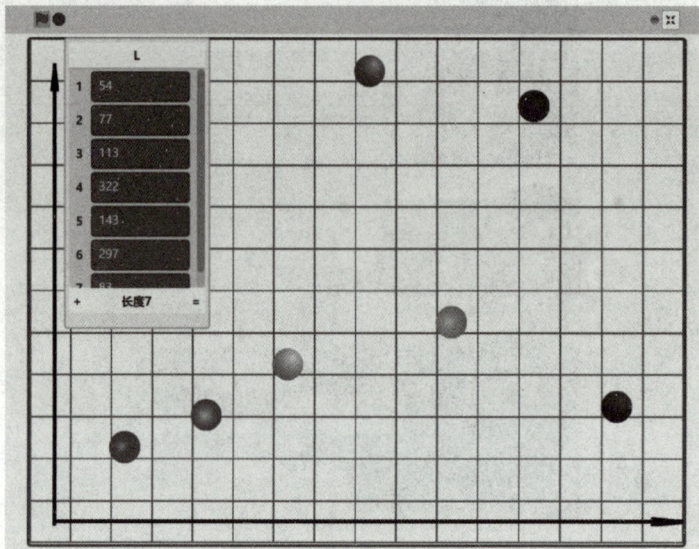

图 9-57　显示效果截图

（3）完整程序见资源包"案例 9-4 声音的音调和响度舞台显示（发送）.sb3"和"案例 9-4 声音的音调和响度舞台显示（接收）.sb3"。

4. 拓展练习

振动的音叉可以发出一定频率的声音，当它相对于人运动时，人听到声音的音调在变化，也就是声音的频率发生了变化，声源靠近时音调升高（频率变大），声源远离时音调降低（频率变小），这就是多普勒效应。能否利用本案例的频谱分析模块来显示声源运动时出现的多普勒效应呢？

5. 误差分析与数据处理方法

本实验属于定性实验，不需定量的误差分析，只要在程序中对映射范围合理设置，实验效果可以很好地从灯带上观察到或者在舞台上展示，可作为演示实验或者验证性的实验。如果想定量分析，可以从舞台实时显示的列表中导出数据到 Excel 表中来比较各频段的响度大小，或用柱状图、折线图来表示。方法见第 6 章的案例 6-2 或第 7 章的案例 7-7。

案例 9-5　验证落体运动中机械能守恒

任务：通过实验数据说明小球下落的重力势能减少量与动能的增加量在误差允许的范围内近似相等。

1. 算法分析

（1）主控板通过继电器控制电磁铁对小球的吸合。

（2）可伸缩的立柱用于改变下落高度 h。

（3）按下释放开关时小球下落，同时记录系统时间为下落时刻 t_1。

（4）当小球落到振动传感器时，记录系统时间为落地时刻 t_2。

（5）即可求出下落时间 $t = t_2 - t_1$。

（6）中间时刻的瞬时速度 $v_{t/2} = h/t$，"落地速度" $v = 2v_{t/2}$。

（7）减少的重力势能为 mgh，增加的动能为 $mv^2/2$。

（8）由于小球的质量不变，只要 gh 和 $v^2/2$ 的值相对误差小于 5%，规律得以验证。

图 9-58　实验装置

可移动电磁铁
小铁球
可伸缩立柱
$H=h+d$
h: 小球下落高度
d: 小球直径
主控板
振动传感器

2. 实验器材

（1）实验装置如图 9-58 所示。

（2）实验器材列表如表 9-5 所示。

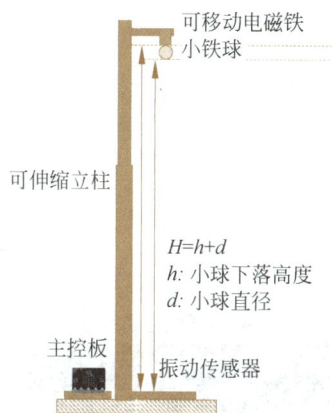

表 9-5　实验器材列表

Micro:bit 开发板	虾米扩展板	6～9V 电池组
7.4V 锂电池	电磁铁：5V、3kg	两个按钮开关
振动传感器：3.3～5V	小铁球：直径 15～16mm	

（3）电路连接如图 9-59 所示。

3. 程序设计

（1）新建项目，在"上传模式"下单击左下角的"扩展"，选择 Micro:bit 主控板和虾米扩展板。

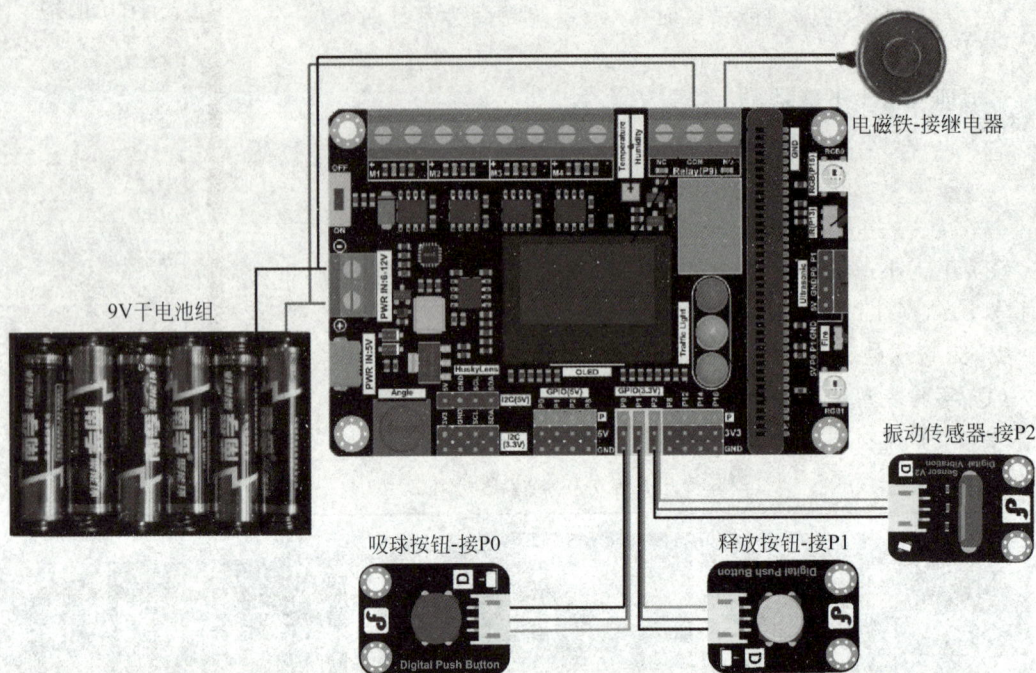

图 9-59　电路连接

（2）初始化扩展板上的 OLED 显示屏，并显示实验主题，如图 9-60 所示。

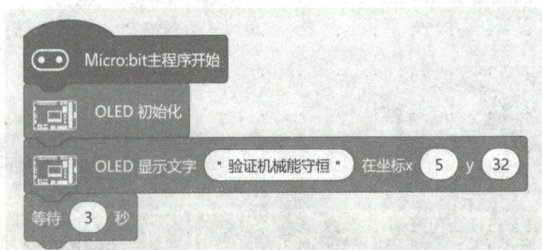

图 9-60　初始化

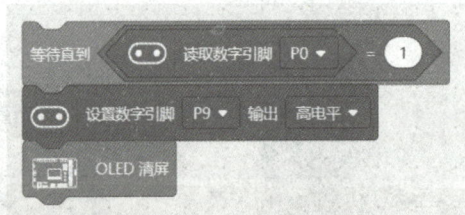

图 9-61　等待吸住小球

（3）等待按下接在 P0 端口的大按钮，使板载继电器（接 P9 端口）控制电磁铁吸住小球，并清空屏幕，如图 9-61 所示。

图 9-62　新建变量

（4）新建图 9-62 所示变量（Mind+可以使用中文命名变量，其中的变量"差值"表示减少的势能和增加的动能之差/小球质量的值）。

（5）等待按下接在 P1 端口的大按钮，让板载继电器（接 P9 端口）控制电磁铁释放小铁球，并记录下落时刻"计时 1"，如图 9-63 所示。

（6）小铁球落到接在 P2 端口的振动传感器（注意：DFR0027 触发为 0）时，记录落地时刻"计时 2"，如图 9-64 所示。

（7）设置下落高度（可根据实验需要改变）、求解落地速度和相对误差，如图 9-65 所示。

（8）然后设计 OLED 屏幕需要显示的内容，如图 9-66 所示。

（9）完整程序见资源包"案例 9-5 验证落体运动中机械能守恒（2 个按钮控制）.sb3"。

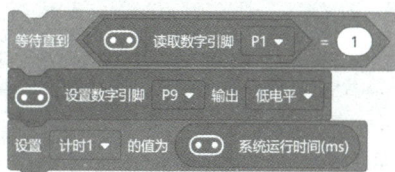

图 9-63 记录释放时刻

图 9-64 记录落地时刻

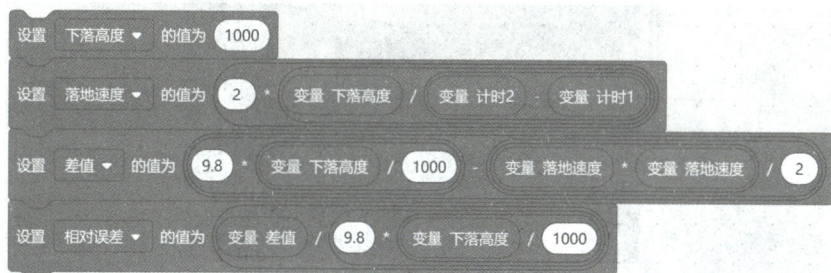

图 9-65 求解各未知变量

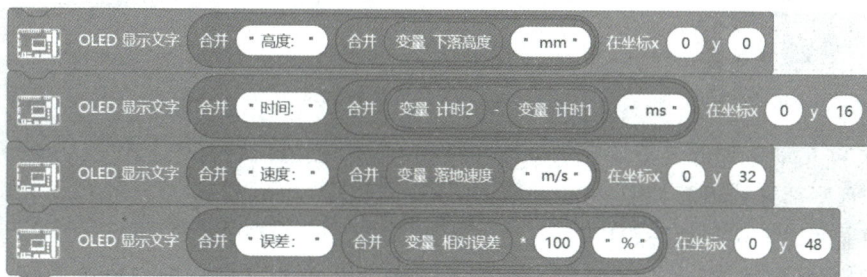

图 9-66 显示实验结果

4. 运行程序并观察效果

运行程序后的效果如图 9-67 所示。

实验的效果很好,遗憾的是,每次改变高度需要在程序中修改,如果开通 Micro:bit 的蓝牙功能,应用手机 App 控制吸球和释放,同时可以传输改变的高度值就方便多了,Micro:bit 官方软件可以开通应用,但不属本书所述。目前 Mind+ 还没有支持 Micro:bit 蓝牙的指令模块,但可以应用红外遥控实现上述功能。

图 9-67 双按键实验效果

5. 优化方案

（1）硬件优化。去掉了两个大按钮，应用红外遥控器实施无线控制。干电池换用7.4V锂电池，可以反复充电，更加方便，如图9-68所示。

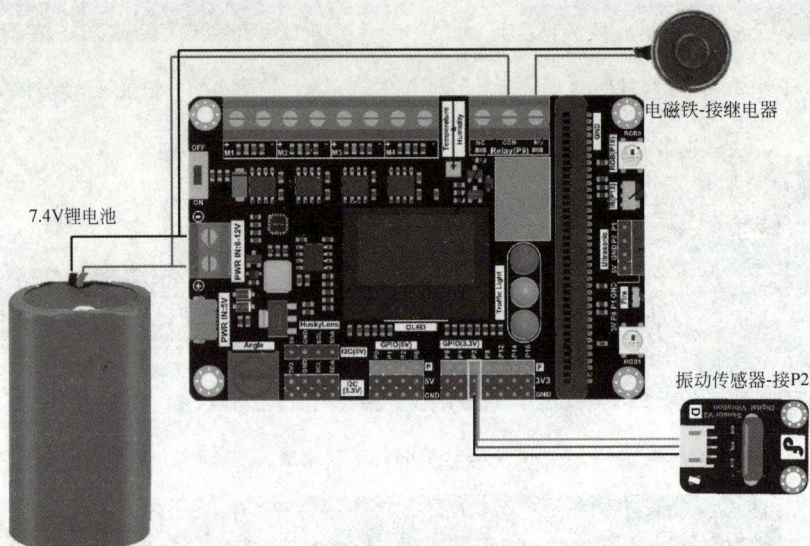

图 9-68　优化方案连线

（2）程序更新。红外遥控器控制吸球和释放，高度值遥控输入。

① 主程序部分的更新如图9-69所示。

② 增加的遥控接收部分程序。

不同品牌的遥控器，各个按键的键值不同，本案例采用的是另一种通用遥控器，可用虾米扩展板显示键值的参考程序测出键值（参考第7章7.2节内容），如图9-70所示。

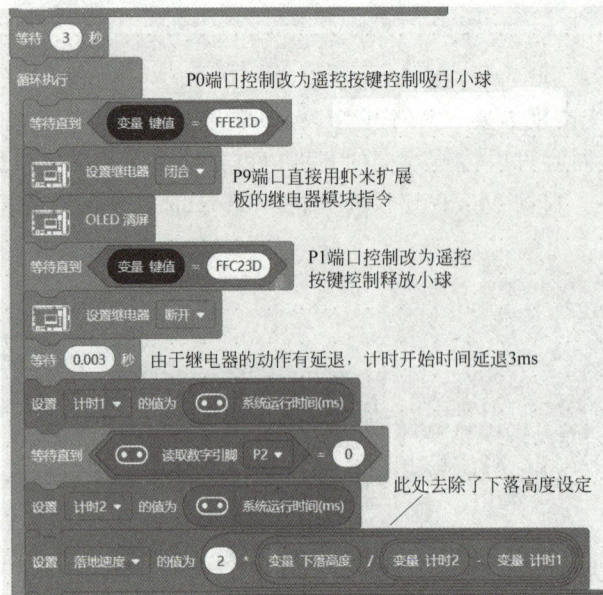

图 9-69　程序更新部分

红外遥控键值Car/mp3

CH- 0	CH 1000	CH+ 吸球
FFA25D	FF629D	FFE21D
上一曲-100	下一曲+100	播放/ 释放
FF22DD	FF02FD	FFC23D
VOL- -10	VOL+ +10	EQ 未用
FFE01F	FFA857	FF906F
0 未用	100+ 未用	200+ 未用
FF6897	FF9867	FFB04F
1	2	3
FF30CF	FF18E7	FF7A85
4	5	6
FF10EF	FF38C7	FF5AA5
7	8	9
FF42BD	FF4AB5	FF52AD

图 9-70　Car/mp3 遥控器按键、键值与
功能的对应图

"毫米位"按键 1～3 的设置如图 9-71 所示(截图略去了按键 4～9 的设置)。

"米位"两个值 0 和 1000 的设置如图 9-72 所示。

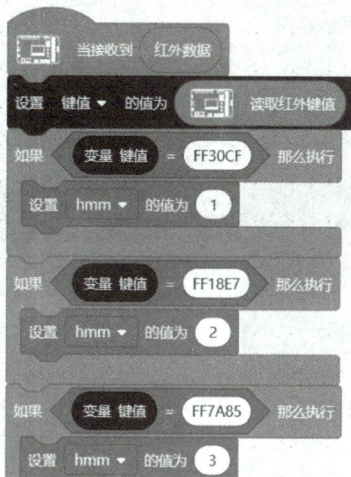

图 9-71　按键 1～3 的设置

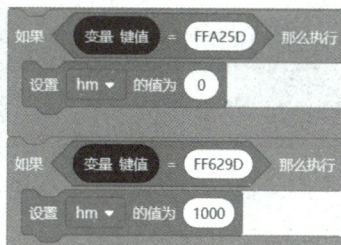

图 9-72　"米位"设置

"分米位""厘米位"加减键的设置如图 9-73 所示(截图略去了"分米位"位的设置)。

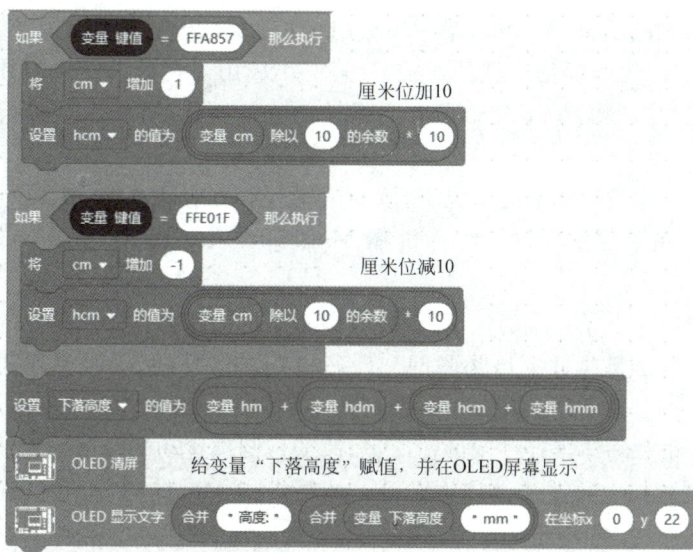

图 9-73　"厘米位"加减键的设置

(3) 完整程序见资源包"案例 9-5 验证落体运动中机械能守恒(红外遥控).sb3"。

(4) 实物连接及实验数据如图 9-74 所示。

6. 误差分析与数据处理方法

本实验的误差有人为因素造成的偶然误差,如高度 h 的测量;还有设备本身产生的系统误差,如继电器和电磁铁的延迟、显示程序的延迟、按钮和振动传感器的抖动等。数据的处理主要是开发板运行程序,利用各变量关系式计算出实验要求的间接物理量的值,在 OLED 显示屏上显示出来。

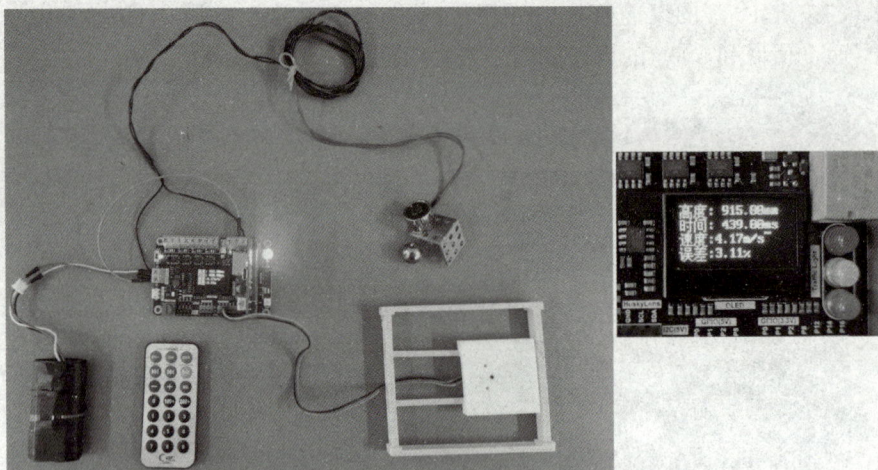

图 9-74　实验效果

案例 9-6　圆周运动实验

任务：通过实验数据研究向心力与质量、速度、运动半径的关系。

1. 算法分析

（1）采用 3 块 Micro:bit 开发板，第一块板用于发送采集和控速指令；第二块板根据收到的指令改变转台转速（无线通信或红外遥控）；第三块板用于在转台上采集数据上传物联网。计算机在 Mind+ 的"实时模式"下显示做圆周运动的物体所受的向心力与质量、线速度、圆周运动半径的关系。

（2）在转速和物体质量一定的情况下，改变圆周运动的半径，采集每一个半径对应的传感器受到的拉力数据并上传物联网。计算机在 Mind+ 的"实时模式"下显示向心力与半径的关系。

（3）在转速和物体半径一定的情况下，改变做圆周运动的物体的质量，采集不同的质量对应的传感器受到的拉力数据并上传物联网。计算机在 Mind+ 的"实时模式"下显示向心力与质量的关系。

（4）在物体质量和物体半径一定的情况下，改变做圆周运动的物体的速度，采集不同速度对应的传感器受到的拉力数据并上传物联网。计算机在 Mind+ 的"实时模式"下显示向心力与速度平方的关系。

（5）需要搭建 SIoT 服务器，详见本书第 8 章的"8.5 物联网"部分。

2. 实验器材

（1）实验装置如图 9-75～图 9-77 所示。

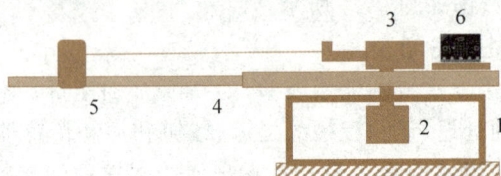

图 9-75　侧视图

1—实验架；2—变速电机；3—拉力传感器；4—滑杆；5—滑块；6—控制板

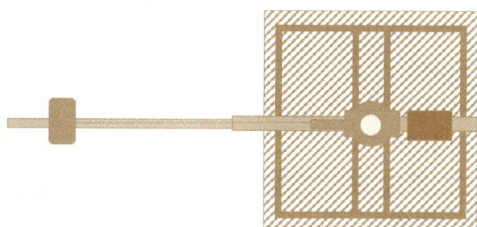

图 9-76 俯视图

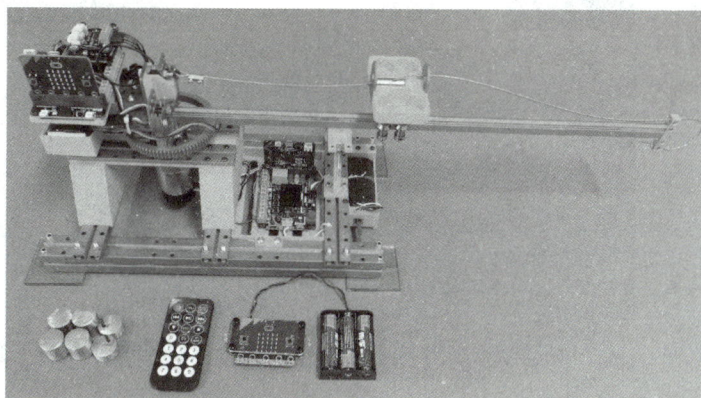

图 9-77 实物图

（2）实验器材列表如表 9-6 所示。

表 9-6 实验器材列表

Micro:bit 主控板 3 块	虾米扩展板 2 块	两用扩展板（选用）
4.5V 电池组或 3.7V 锂电池	物联网模块	6～12V 电池组或 7.4V 锂电池
用树莓派搭建的 SIoT 物联网服务器	编码电机	拉力传感器

（3）电路连接。

① 数据采集上传电路部分如图 9-78 所示。

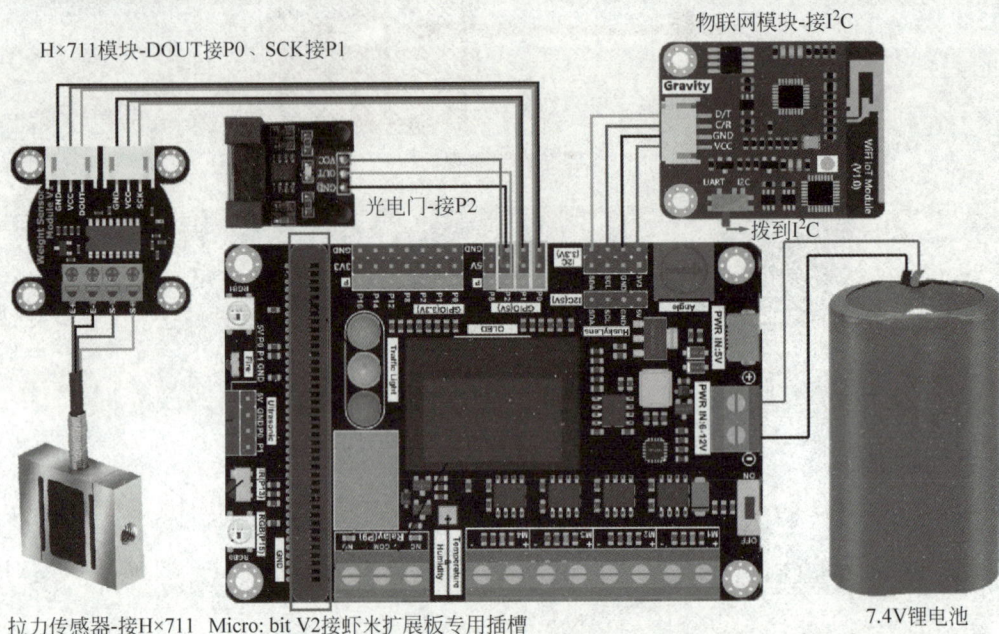

图 9-78　数据采集上传电路部分

② 转动速度控制部分如图 9-79 所示。

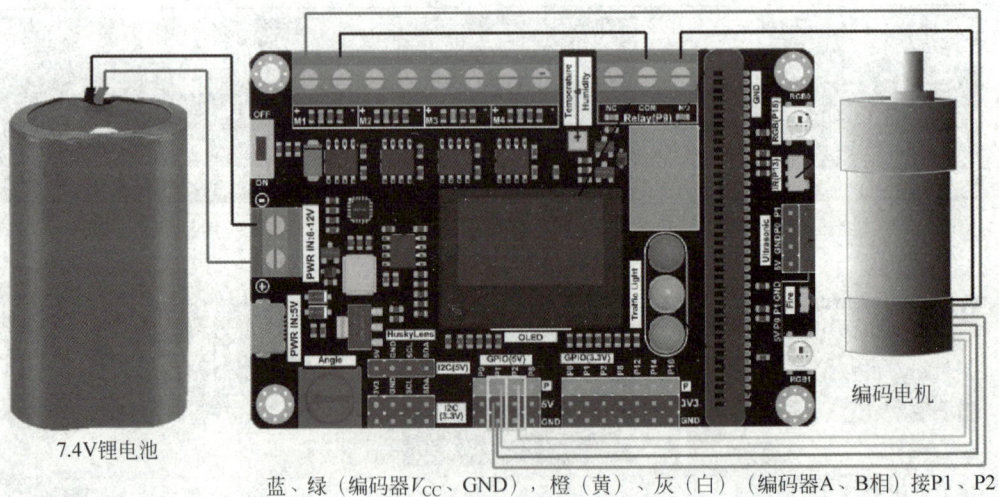

图 9-79　转动速度控制部分

3. 程序设计

1）第一块 Micro：bit 开发板用于发送采集和控速指令

（1）新建项目，在"上传模式"下单击"扩展"，选择 Micro：bit 开发板，单击"返回"。

（2）打开无线通信，设置频道，新建计数变量 N 初值为零，如图 9-80 所示。

（3）每按下一次 A 按键，变量 N 加1，发送一次采集数据指令"A"，点阵屏显示 N 在 0～9 之间变化，如图 9-81 所示。

（4）采集完毕按下 B 按钮，发送重新开始实验指令"B"，本块 Micro：bit 开发板点阵屏显

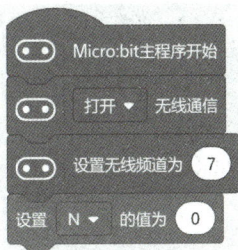

图 9-80 设置无线通信

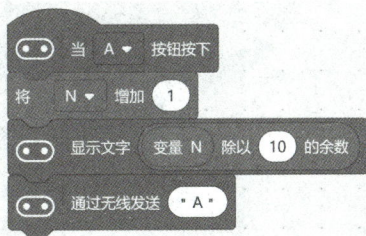

图 9-81 设置采集指令

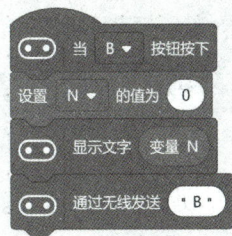

图 9-82 设置发送画线指令

示 0,如图 9-82 所示。

2) 第二块 Micro:bit 开发板根据收到的指令改变转台转速(红外遥控)

(1) 新建项目,在"上传模式"下单击"扩展",选择主控板和虾米扩展板,单击"返回",如图 9-83 所示。

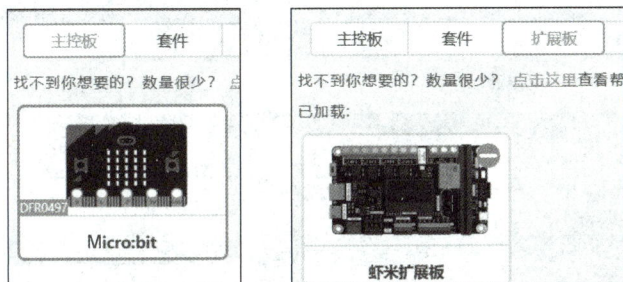

图 9-83 选择主控板和扩展板

(2) 用红外遥控控制转台转速(闭环控制),程序如图 9-84 所示。

① "初始化"函数展开如图 9-85 所示。

② "红外遥控器"函数展开如图 9-86 所示(可参考第 7 章 7.2 节)。

③ "PID 计算"函数展开如图 9-87 所示。

3) 第三块 Micro:bit 开发板用于在转台上采集数据

(1) 新建项目,在"上传模式"下单击"扩展",选择开发板和虾米扩展板,单击"返回"。

(2) 打开无线通信,设置频道,初始化设置,如图 9-88 所示。

其中,物联网初始化参数设置与图 9-92 相同,注意区分字母的大小写。

(3) 当收到无线数据的采集指令时,读取力和速度值并上传,如图 9-89 所示。

其中,"读取拉力传感器"函数展开如图 9-90 所示。

4) 计算机在 Mind+的"实时模式"下的图像描绘程序

(1) 实时显示向心力与速度平方的关系。

① 新建项目,在"实时模式"下删除默认角色,绘制坐标、坐标点和图线 3 个角色,调整至合适的大小,背景选择 Xy-grid-20px,如图 9-91 所示。

② 新建相关变量,对角色 2-"坐标点"初始位置、相关变量和物联网初始化,如图 9-92 所示。

③ 当角色 2-"坐标点"收到来自 Topic_0 的 MQTT 消息时,对向心力 f 与其坐标轴 F 进行映射,其中变量"$f_滚$"的值要根据摩擦材料和圆周运动物体质量或实验数据决定,如图 9-93 所示。

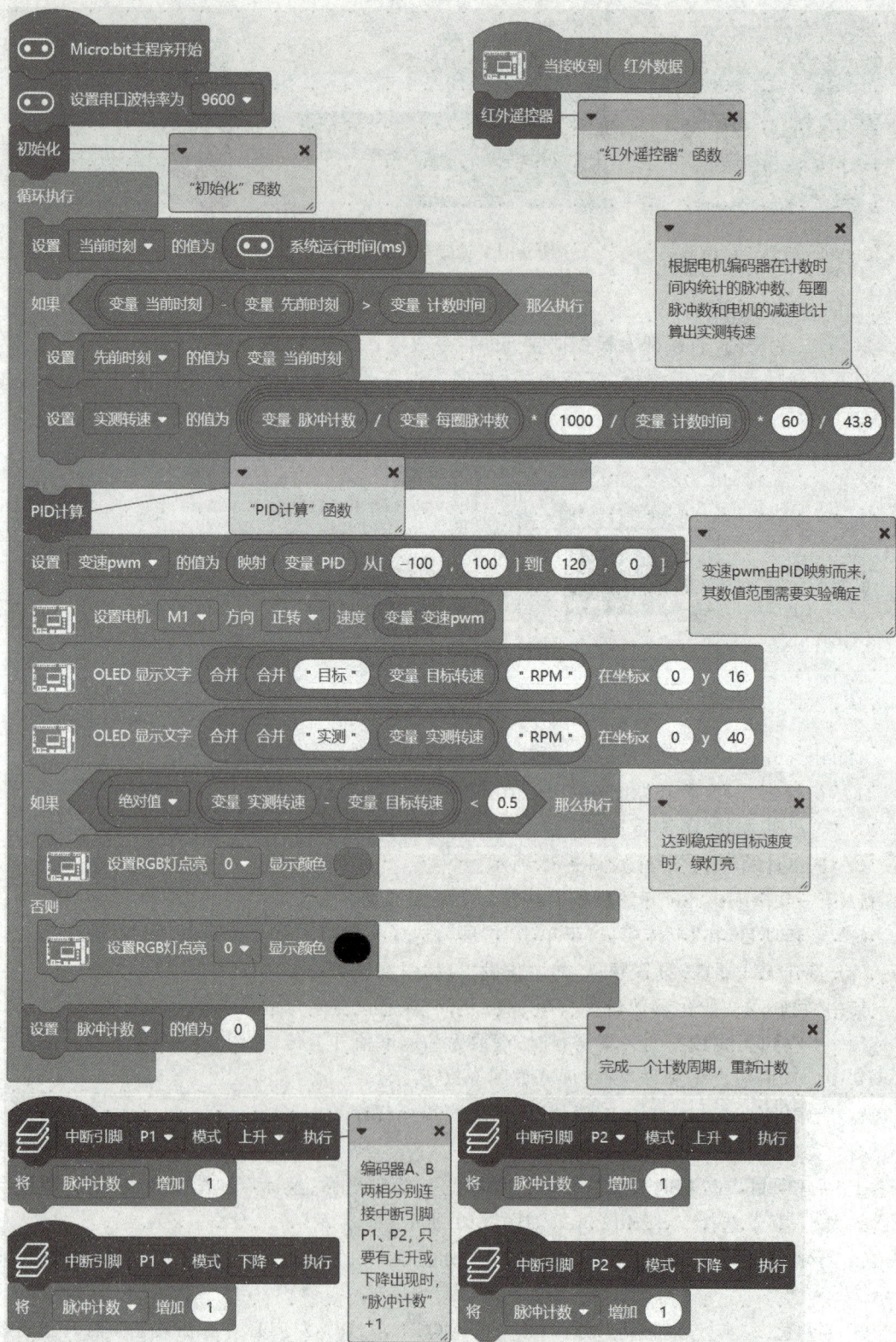

图 9-84　红外遥控主程序

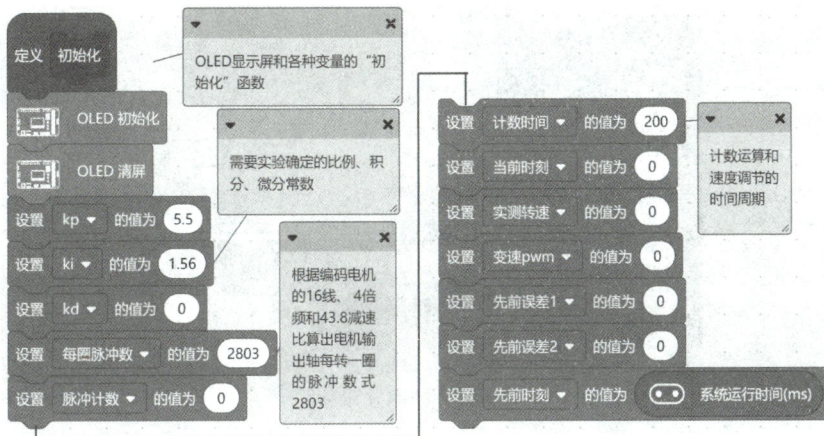

图 9-85 "初始化"函数

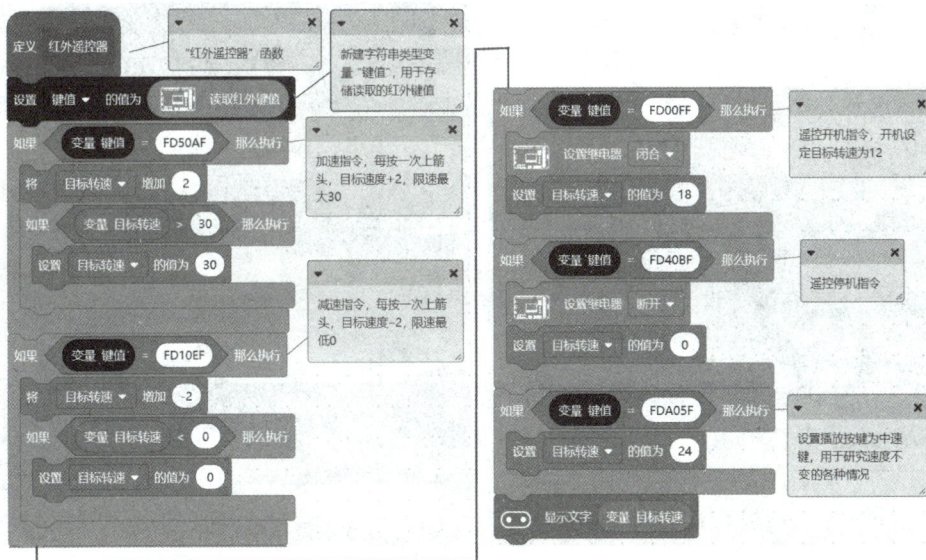

图 9-86 "红外遥控器"函数

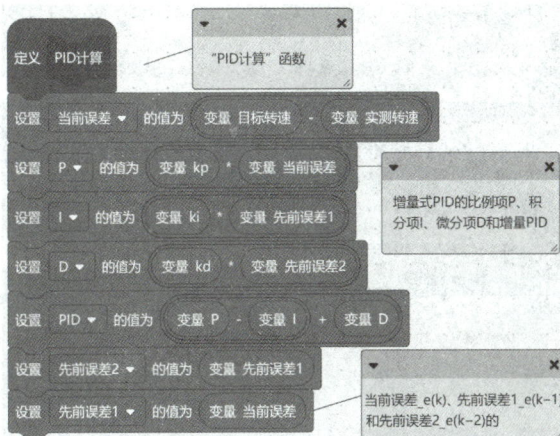

图 9-87 "PID 计算"函数

图 9-88 初始化设置

图 9-89 测速、采集 F 和 v^2 上传物联网程序

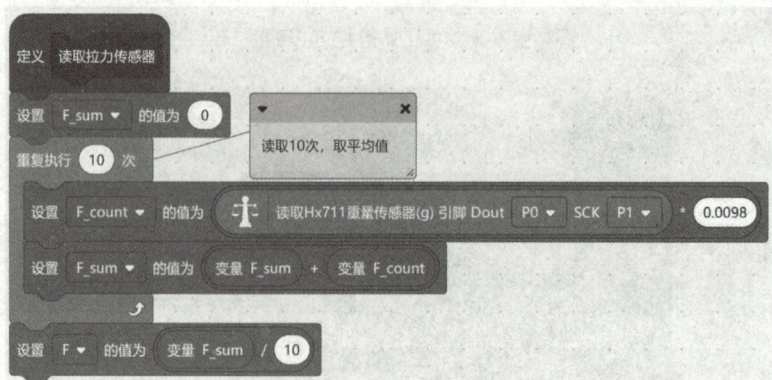

图 9-90 "读取拉力传感器"函数展开

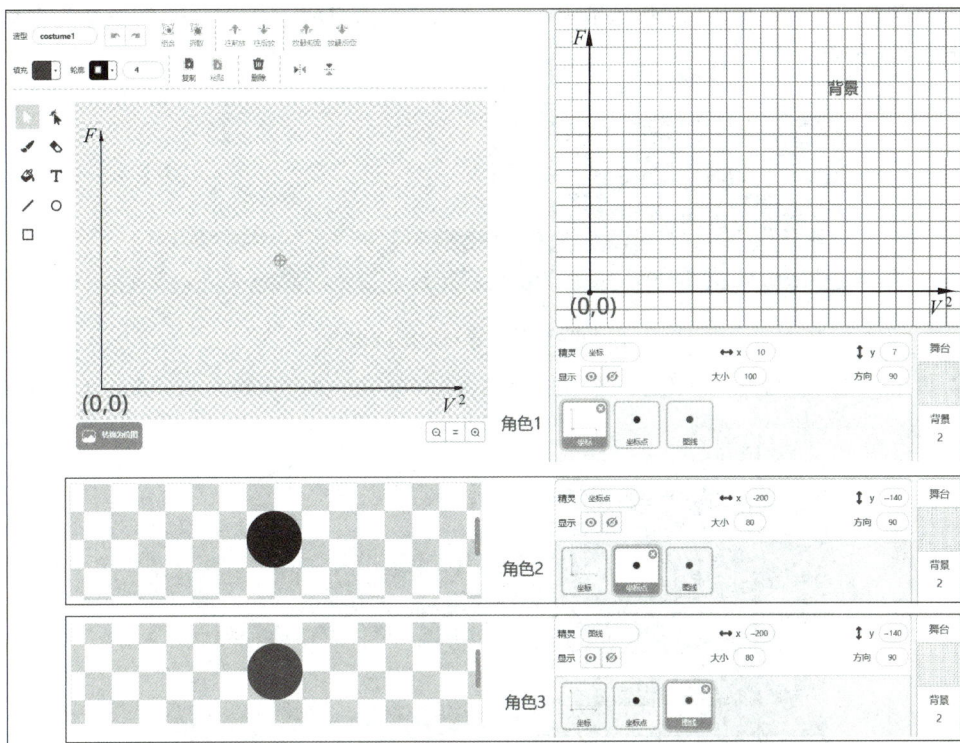

图 9-91　绘制角色选择背景

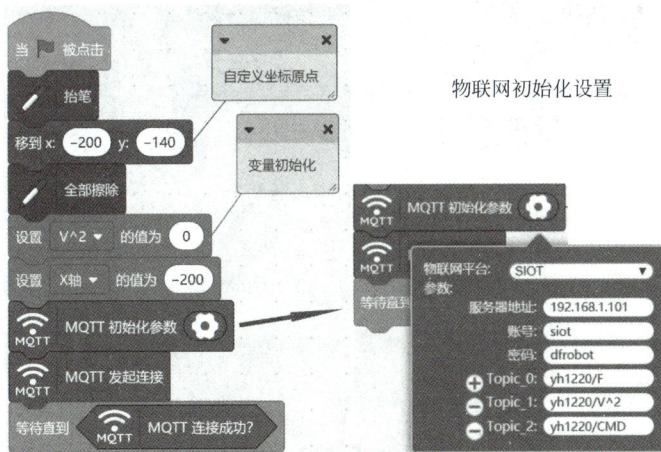

图 9-92　物联网初始化参数设置（与图 9-88 参数相同）

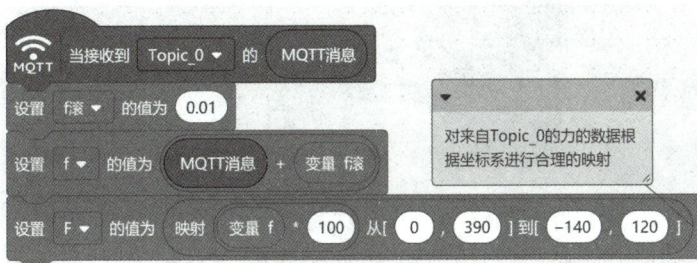

图 9-93　求向心力并映射

④ 当角色 2-"坐标点"收到来自 Topic_1 的 MQTT 消息时，对 v^2 与速度平方的坐标轴进行映射设置，如图 9-94 所示。

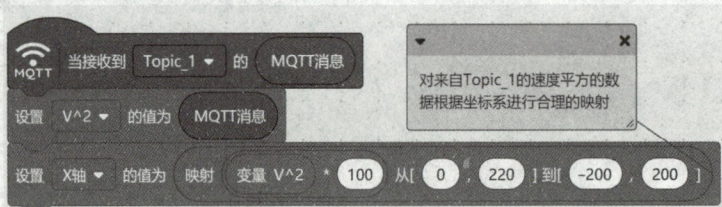

图 9-94　对速度平方的映射

⑤ 当角色 2-"坐标点"收到来自 Topic_2 的 MQTT 消息时，在舞台上绘制坐标点程序，如图 9-95 所示。

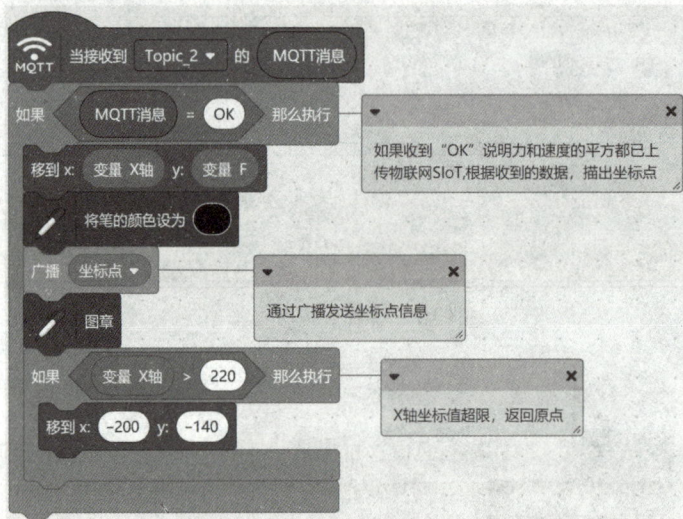

图 9-95　绘制坐标点发广播

⑥ 新建两个列表"F"和"r,m,v2,w2"，新建 A、B、C、D、n、i、k、b、Ymin、Ymax 等 10 个变量，当单击绿旗被后，角色 3-"图线"初始化位置、列表和变量 k、b 如图 9-96 所示。

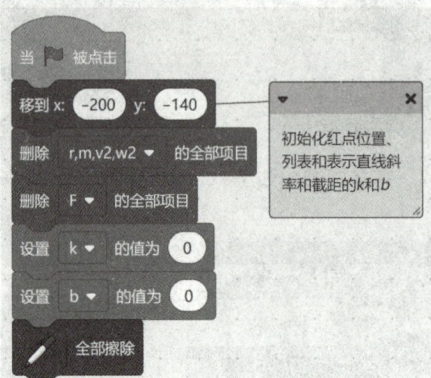

图 9-96　角色 3-"图线"初始化设置

⑦ 当角色 3-"图线"（红点）收到角色 2-"坐标点"的每一次广播时，将采集点的坐标值按序对应添加到两个列表中，如图 9-97 所示。

⑧ 当角色 3-"图线"（红点）收到 Topic_2 的 MQTT 消息时，调用"直线拟合"函数，绘制依赖于各个坐标点的实验图线，如图 9-98 所示。

图 9-97　坐标点数据依次填入列表

图 9-98　调用"直线拟合"函数

⑨ "直线拟合"函数展开后如图 9-99 所示。

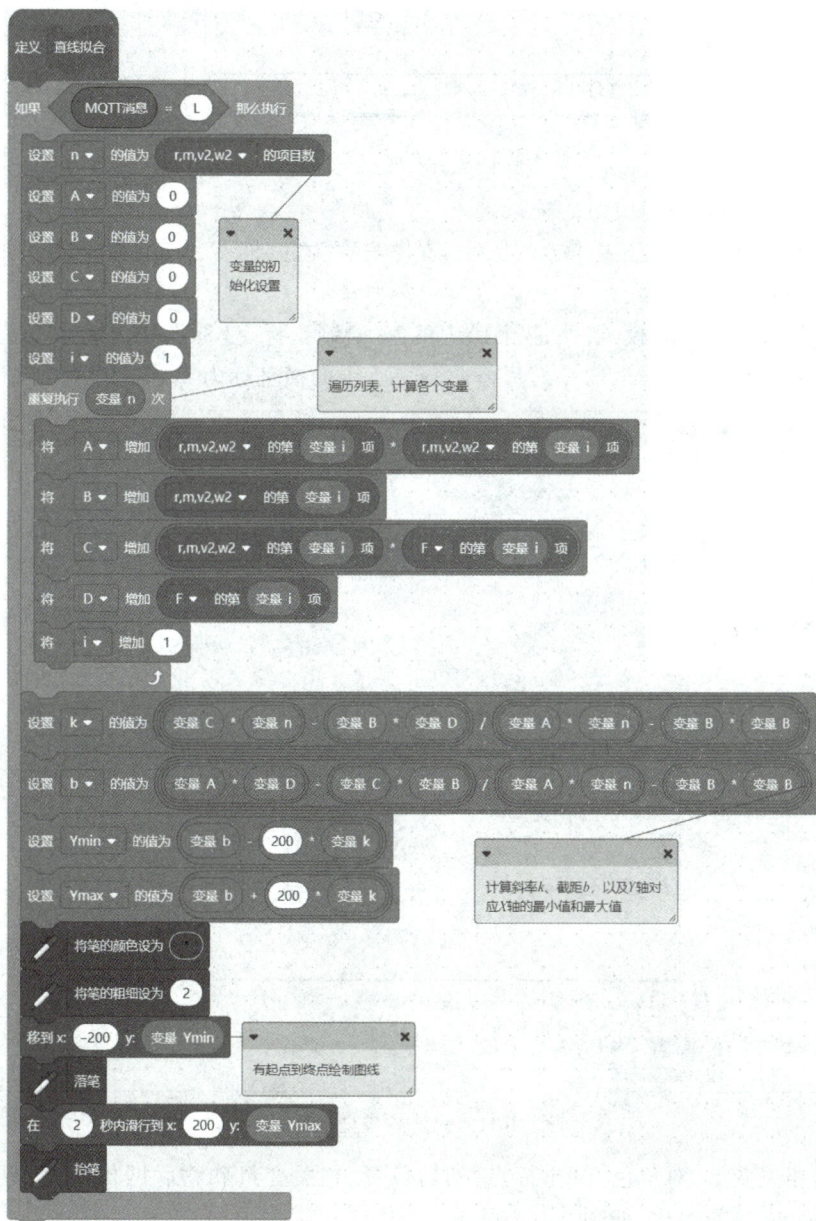

图 9-99　"直线拟合"函数

⑩ 遥控改变转台速度依次由小到大，每次改变达到稳定时，按下第一块 Micro：bit 开发板的 A 按钮，无线通信发出采集数据指令，在舞台上就会实时出现对应的坐标点。当数据点采集完毕，按下 B 按钮，拟合各坐标点画出一条关系直线。效果如图 9-100 所示。

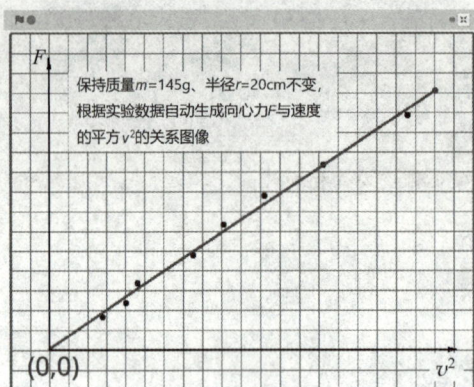

图 9-100　F-v^2 成正比

（2）实时显示向心力与质量的关系。

将"实时显示向心力与速度平方的关系"程序另存为"实时显示向心力与质量的关系"，按以下步骤对应修改部分内容。

① 新建项目，在"实时模式"下删除默认角色，绘制坐标、坐标点和图线 3 个角色，调整至合适的大小，背景选择 Xy-grid-20px，只修改角色 1 中的横坐标为 m，如图 9-101 所示。

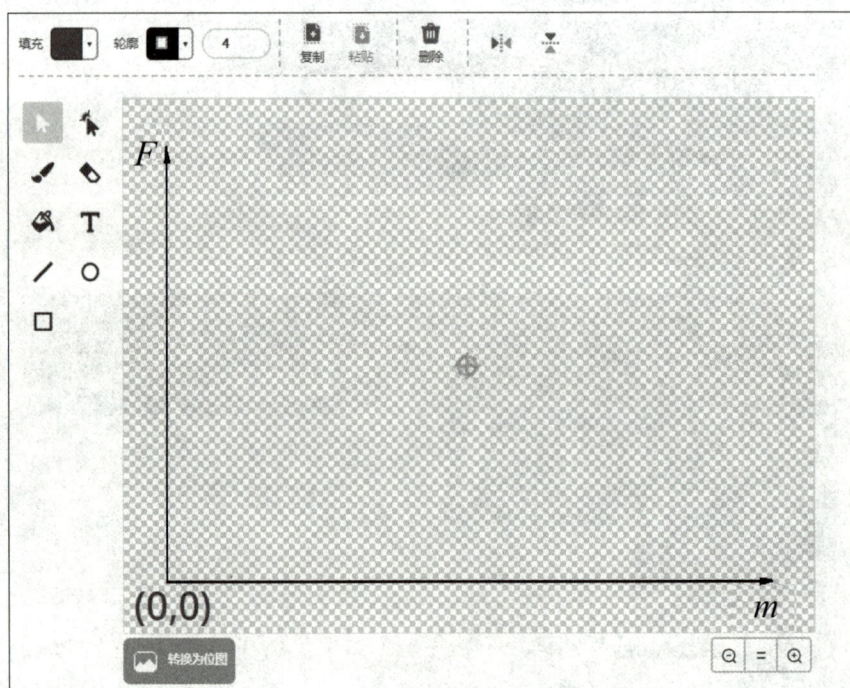

图 9-101　只修改横坐标为 m

② 新建相关变量，对角色 2-"坐标点"初始位置、相关变量和物联网初始化，只把 v^2 的初始化替换为对 m 的初始化，如图 9-102 所示。

图 9-102 只把 v^2 替换为 m 并初始化

③ 当角色 2-"坐标点"收到来自 Topic_0 的 MQTT 消息时,对向心力 f 与其坐标轴 F 根据实验情况进行新的映射;其中变量"$f_滚$"的值要根据摩擦材料和圆周运动物体质量或实验数据决定,且与质量成正比,对质量赋值并映射到 X 轴。修改后的程序如图 9-103 所示。

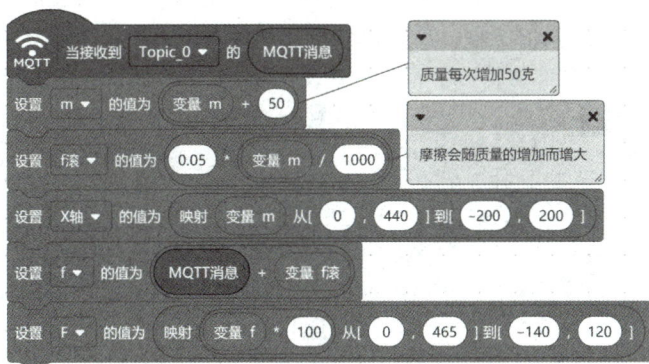

图 9-103 对向心力和质量合理映射

④ 由于研究向心力与质量的关系要保持速度不变,不用接收 Topic_1 的 MQTT 消息,删除这块程序。

⑤ 当角色 2-"坐标点"收到来自 Topic_2 的 MQTT 消息时,在舞台上绘制坐标点程序,这一块程序不变。只不过程序中的"X 轴"映射的不再是速度的平方,而是圆周运动物体的质量。

向心力与速度平方的关系中⑥~⑨不用修改。

⑩ 用红外遥控开动转台电机,开机已设置默认合适的转速,当达到稳定时,按下第一块 Micro:bit 开发板的 A 按钮一次,无线通信发出采集数据指令,在舞台上就会实时出现对应的第一个坐标点;用红外遥控关闭转台电机,物体质量增加 50g,并对称放置,遥控开机,当达到稳定时,再次按下 A 按钮,进行第二次采集;以此类推。当数据点采集完毕后按下 B 按钮,拟合各坐标点画出一条关系直线,效果如图 9-104 所示。

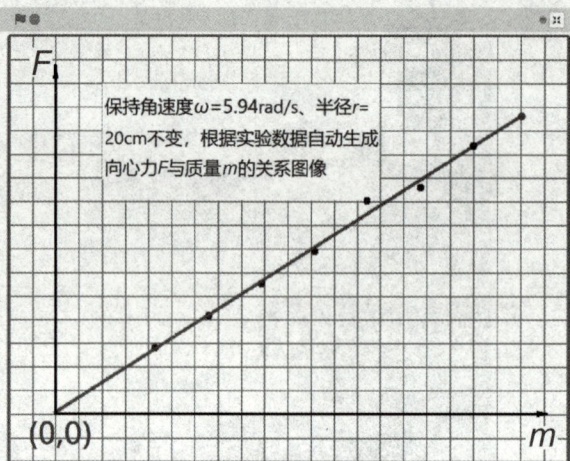

图 9-104　*F-m* 成正比

（3）实时显示向心力与半径的关系。

将"实时显示向心力与速度平方的关系"程序另存为"实时显示向心力与半径的关系"，按以下步骤对应修改部分内容。

① 新建项目，在"实时模式"下删除默认角色，绘制坐标、坐标点和图线 3 个角色，调整至合适的大小，背景选择 Xy-grid-20px，只修改角色 1 中的横坐标为 r，如图 9-105 所示。

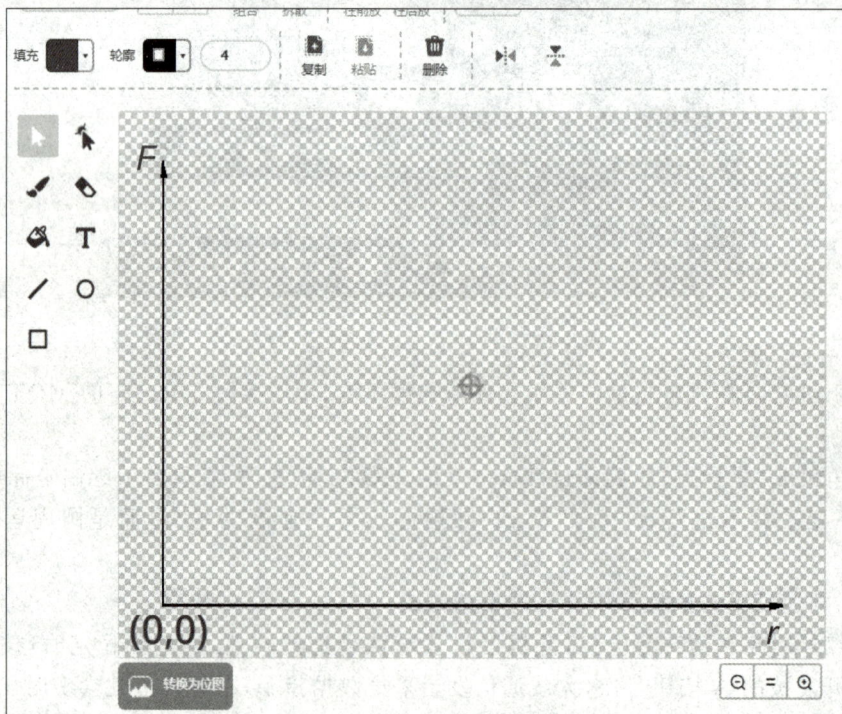

图 9-105　只改横坐标为 r

② 新建相关变量，对角色 2-"坐标点"初始位置、相关变量和物联网初始化，只把 v^2 的初始化替换为对 r 的初始化，如图 9-106 所示。

图 9-106 只把 v^2 替换为 r 并初始化

③ 当角色 2-"坐标点"收到来自 Topic_0 的 MQTT 消息时,对向心力 f 与其坐标轴 F 根据实验情况进行新的映射;其中变量"$f_滚$"的值要根据摩擦材料和圆周运动物体质量或实验数据决定;对半径 r 赋值并映射到 X 轴。修改后的程序如图 9-107 所示。

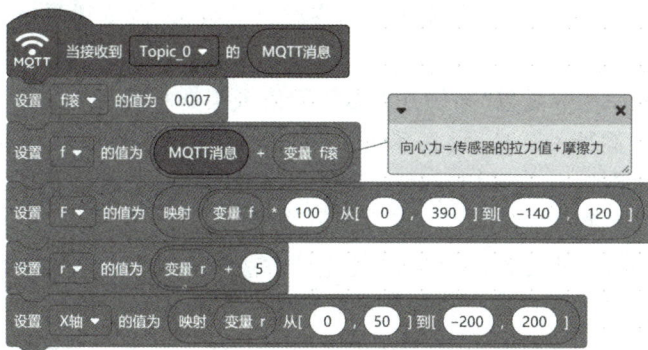

图 9-107 对向心力和半径合理映射

④ 由于研究向心力与半径的关系要保持速度不变,不用接收 Topic_1 的 MQTT 消息,删除这块程序。

⑤ 当角色 2-"坐标点"收到来自 Topic_2 的 MQTT 消息时,在舞台上绘制坐标点程序,这一块程序不变。只不过程序中的"X 轴"映射的不再是速度的平方,而是圆周运动物体的半径。

向心力与速度平方的关系中⑥～⑨不用修改。

⑩ 用红外遥控开动转台电机,开机已设置默认合适的转速,当达到稳定时,按下第一块 Micro:bit 开发板的 A 按钮一次,无线通信发出采集数据指令,在舞台上就会实时出现对应的第一个坐标点;用红外遥控关闭转台电机,改变物体运动半径在原半径 10cm 基础上增加 5cm,遥控开机,当达到稳定时,再次按下 A 按钮,进行第二次采集;以此类推。当数据点采集完毕,按下 B 按钮,拟合各坐标点画出一条关系直线。效果如图 9-108 所示。

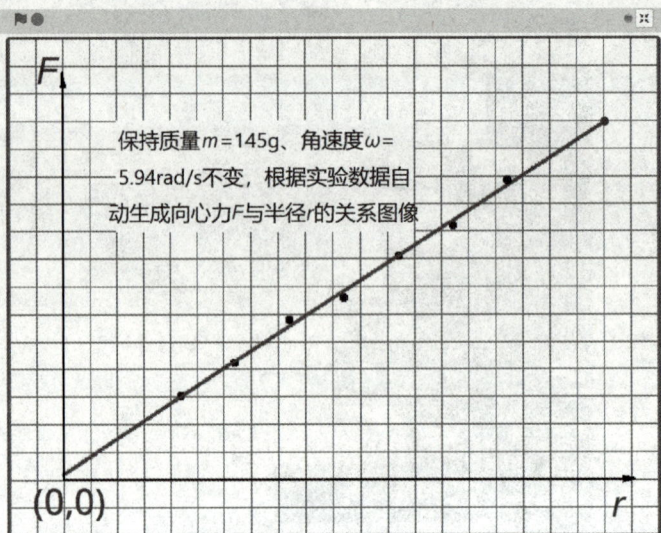

图 9-108 *F-r* 成正比

本案例较为复杂,涉及圆周运动的向心力与速度、质量和半径的关系,要求读者具备高中物理的基础知识。同时还涉及 Mind+ 的"上传模式"和"实时模式"、SIoT 物联网、红外遥控、无线通信、PID 速度控制、坐标点的直线拟合、列表、映射以及画笔的应用。实验中还要注意合理的结构搭建和正确的实验流程,如实验前力的传感器的校准、改变质量或半径时的开机和停机等。

本案例的完整程序见资源包"案例 9-6 无线通信采集数据发令.sb3""案例 9-6 测向心力速度上传数据.sb3""案例 9-6 *F-v*^{2} 关系图像.sb3""案例 9-6 *F-m* 关系图线描绘.sb3""案例 9-6 *F-r* 关系图线描绘.sb3"和"案例 9-6 PID 遥控编码电机调速.sb3"。

4. 误差分析与数据处理方法

本实验实际上是探究性实验,采用控制变量的方法探究向心力与速度的平方、质量和运动半径的关系。人为因素产生的偶然误差主要在质量的测量、半径的确定、采集数据的时机和装置的搭建等;系统误差主要产生于力的传感器、光电门等。数据的处理方法采用了实时显示的列表、描点、连线的经典图像显示的方法,与常规方法不同的是这些动作都是在人的控制下计算机自动完成的,减小了误差、节约了时间。当然也可以采用从列表中导出数据到 Excel 中进行处理,方法见第 6 章的案例 6-2 或第 7 章的案例 7-7。

案例 9-7 测电池的电动势和内阻

任务:通过实验数据的采集和分析,显示出实验测出的电池电动势和内阻。

1. 算法分析

(1)采用两个 Micro:bit 主控板,一个负责采集数据上传物联网,另一个发送采集指令。计算机上运行 Mind+ 的"实时模式"下显示采集的数据,并显示电动势和内阻的测量值。

(2)连接电路,将滑动变阻器有效阻值调到最大,接通电源。注意电源选择一节旧的干电池,电压在 1.1~1.4V 内为佳。

（3）依次改变 6～10 次滑动变阻器的阻值，每次改变都要采集一次数据。

（4）需要搭建 SIoT 服务器，详见本书第 8 章 8.5 节和前言中二维码 SIoT 物联网应用与数据处理相关内容。

2. 实验器材

（1）实验装置如图 9-109 所示。

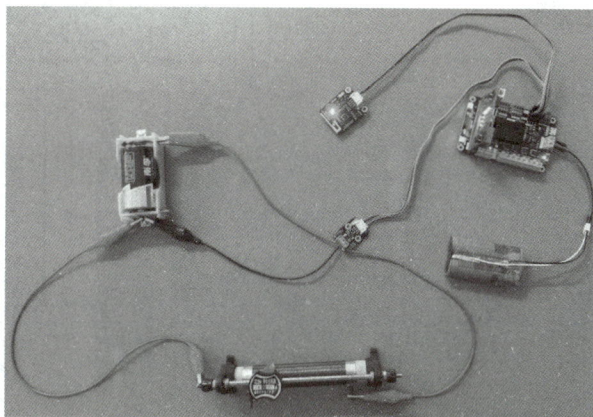

图 9-109　实验装置

（2）实验器材列表如表 9-7 所示。

表 9-7　实验器材列表

Micro：bit 开发板	虾米扩展板	电源 7.4V 锂电池
滑动变阻器	可测电压和电流的功率计	干电池
用树莓派搭建的 SIoT 物联网服务器		

（3）电路连接如图 9-110 所示。

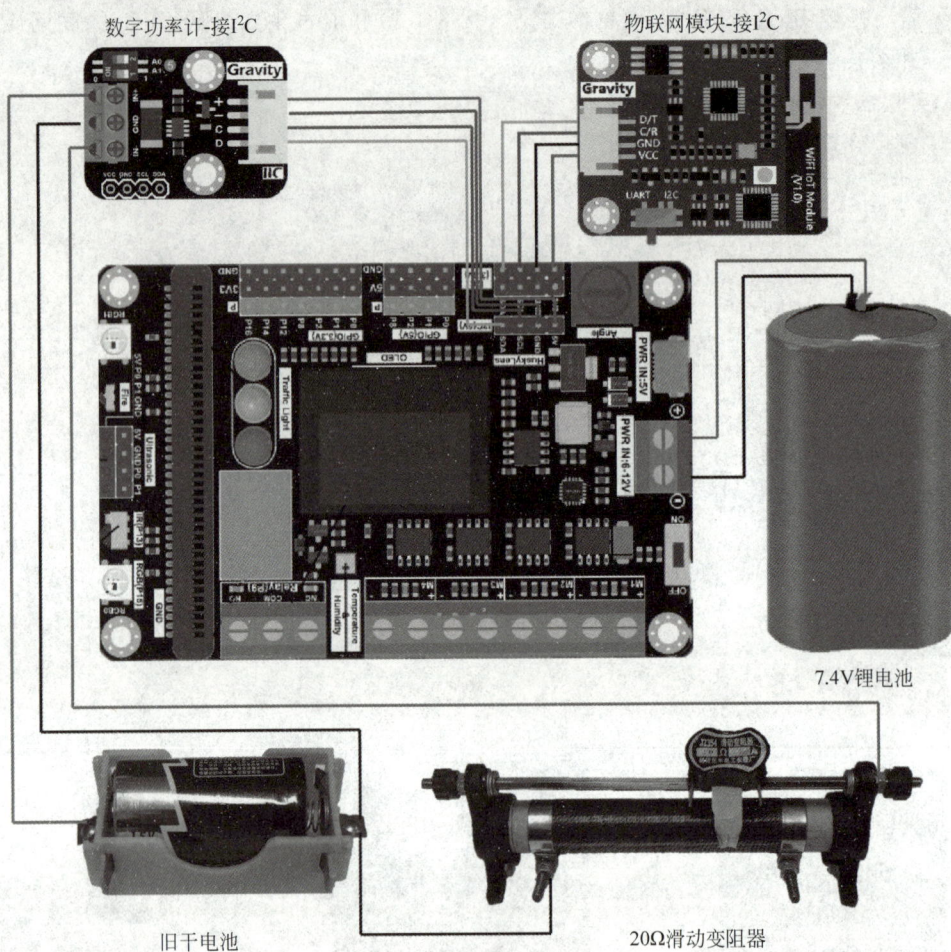

图 9-110　实验器材电路连线

3. 程序设计

1）第一块 Micro：bit 板上程序

与案例 9-6 中第一块 Micro：bit 板上程序相同，不再详述，如图 9-111 所示。

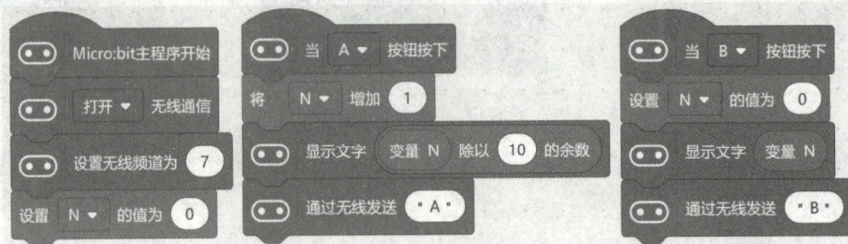

图 9-111　无线发送采集指令程序

2）第二块 Micro：bit 板上程序

（1）在"上传模式"下单击左下角的"扩展"，选择主控板和扩展板及通信模块的 OBLOQ 物联网模块，单击"返回"，如图 9-112 和图 9-113 所示。

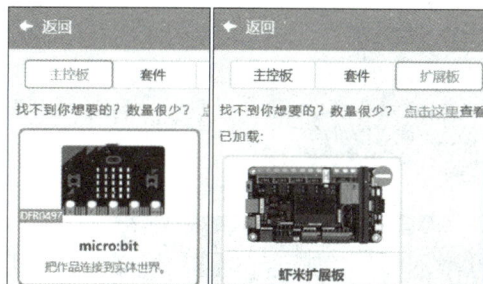

图 9-112　选择主控板和扩展板

图 9-113　选择 OBLOQ 物联网模块

（2）加载 I^2C 数字功率计用户库，加载网址为 https://gitee.com/mu_tu/ext-ina219-pui.git。

加载方法：在"上传模式"下选择主控板，选择用户库，将地址复制并粘贴到用户库搜索框中，按 Enter 键即可找到图 9-114 所示图标，单击它即可使用。

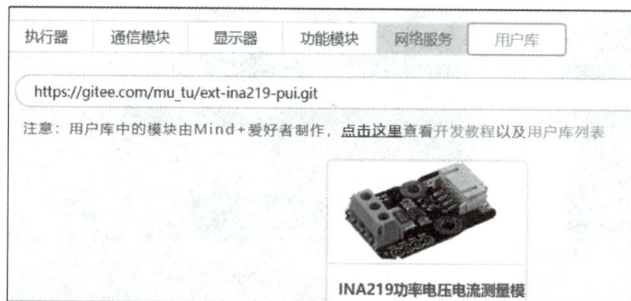

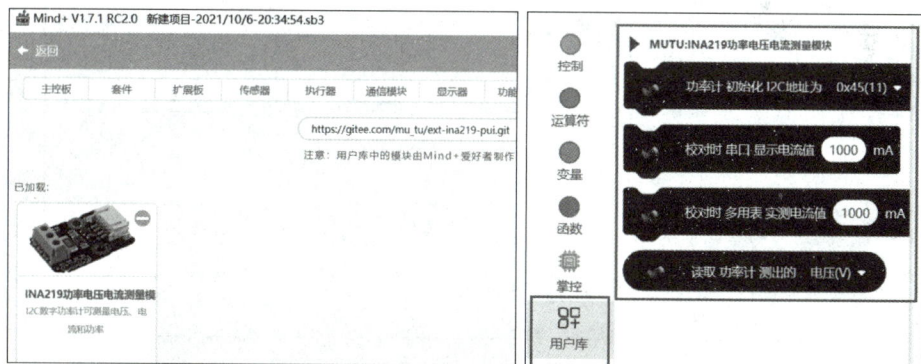

图 9-114　通过用户库加载 INA219 功率电压电流测量模块

（3）打开无线通信，物联网参数设置如图 9-115 所示，对功率计初始化并进行校对。

（4）当收到第一块板发送的采集数据的指令时，程序如图 9-116 所示。

当收到无线数据＝A 时，Micro:bit 显示笑脸，并采集路端电压 U 和回路电流 I 的值，上传物联网。上传完毕 Micro:bit 显示对钩。当收到无线数据＝B 时，向 Topic_2 发送"L"信息，Micro:bit 显示 L，表示完成了实验数据的采集上传，实时显示实验结果。将滑动变阻器滑回阻值最大的位置，准备重新开始实验。

3）展示数据处理的计算机上程序

（1）在"实时模式"下单击左下角的"扩展"，加载"功能模块"的"画笔"功能和"网络服务"的 MQTT，单击"返回"，如图 9-117 和图 9-118 所示。

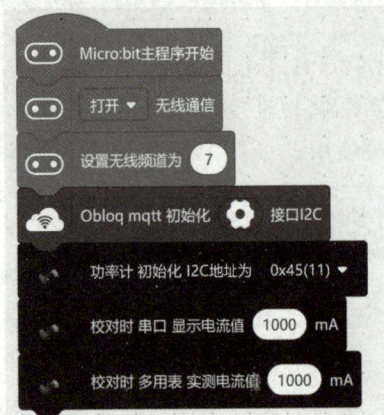

图 9-115 初始化与校对

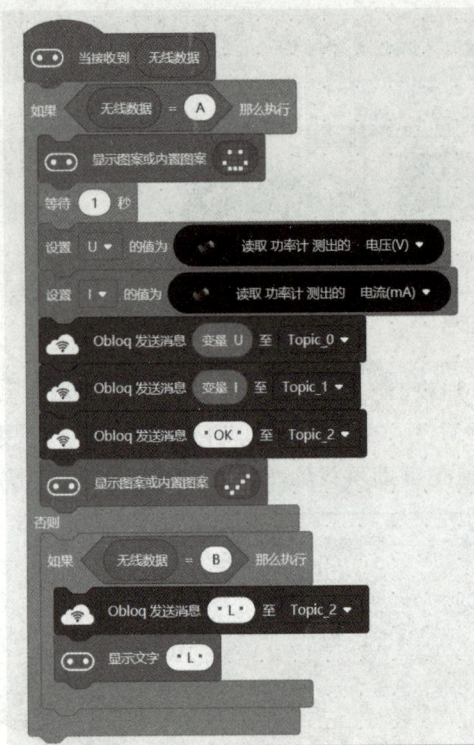

图 9-116 数据的采集与上传

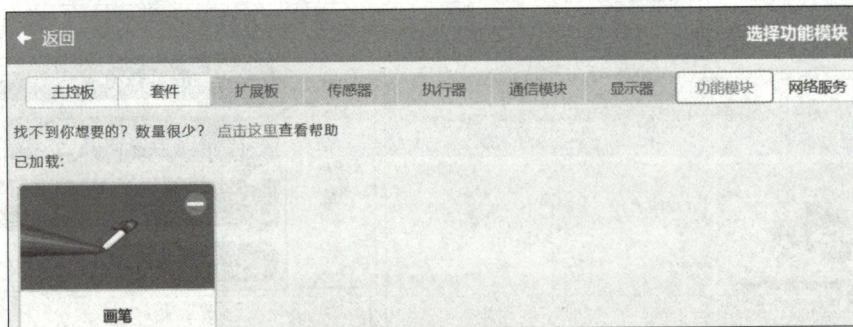

图 9-117 加载画笔

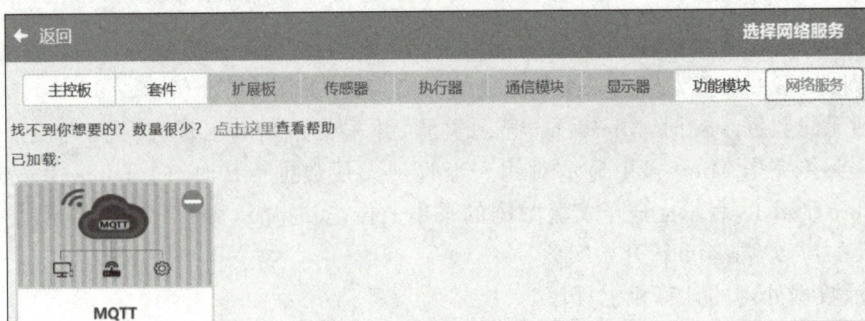

图 9-118 加载 MQTT

（2）选择方格背景，新建 3 个角色（坐标、坐标点、U-I），如图 9-119 所。

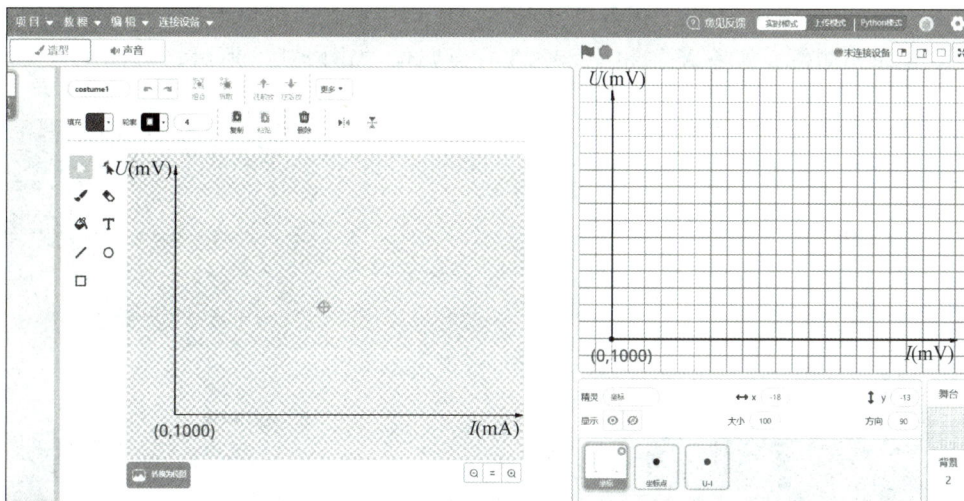

图 9-119　选择背景并新建角色

（3）为角色"坐标点"（蓝点）设计程序。

① 初始化物联网 SIoT，坐标点归位，如图 9-120 所示。

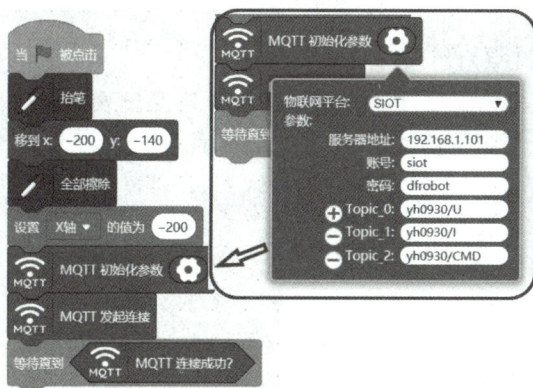

图 9-120　物联网平台参数设置（与图 9-115 参数相同）

② Topic_0 收到的是坐标点电压值。由于本实验电压的变化范围在 1000～1550mV 之间，映射到舞台区的纵坐标区间是 -140～120，其中变量 u 表示实测的电压值（单位：mV），变量 U 表示映射的坐标值，如图 9-121 所示。

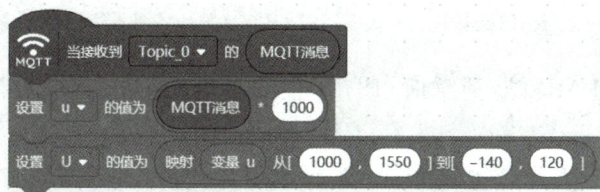

图 9-121　电压对坐标的映射

③ Topic_1 收到的是坐标点电流值。由于本实验电流的变化范围在 0～400mA 之间，映射到舞台区的横坐标区间是 -200～200，其中变量 I 表示实测的电流值（单位：mA），变量 X

轴表示映射的坐标值,如图 9-122 所示。

④ 当 Topic_2 收到 MQTT 消息是"OK"时,在对应的舞台区描上坐标点,并通过广播使 U-I 列表记录实测值。如果 X 轴超出 200,坐标点归位,如图 9-123 所示。

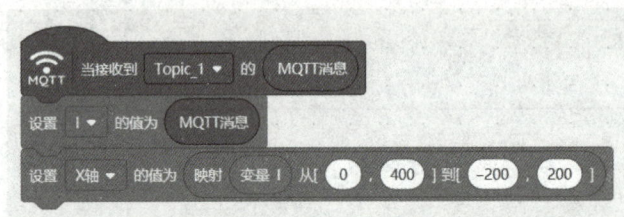

图 9-122　电流对坐标的映射

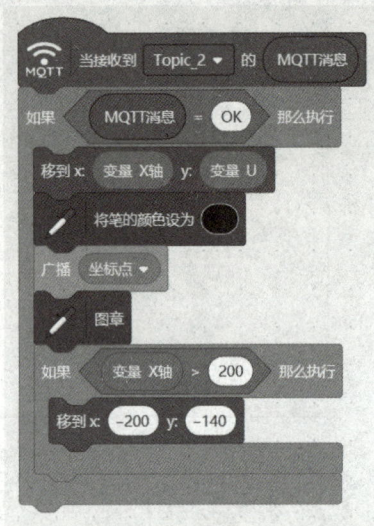

图 9-123　描点、广播

(4) 为角色"U-I"(红点)设计程序。

① 新建 U、I 列表,角色归位,删除列表内容,新建变量 k、b,分别表示拟合直线斜率和截距,并赋初值 0。擦除全部画笔痕迹,如图 9-124 所示。

② 当收到"坐标点"广播时,将实验数据填入 U、I 列表中,如图 9-125 所示。

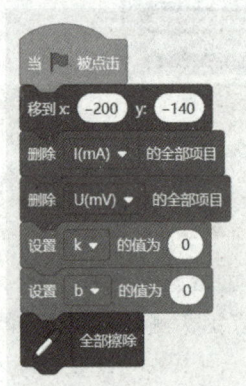

图 9-124　"红点"初始化

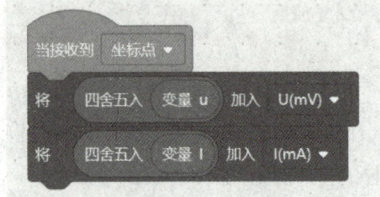

图 9-125　点的坐标值加入各自列表

③ Topic_2 收到 MQTT 消息时,调用"直线拟合"函数,完成对拟合直线的绘制,如图 9-126 所示。

④ 自定义一个"直线拟合"函数模块,新建 A、B、C、D、i 和 n 这 6 个变量,其中 A、B、C、D 为求解拟合方程所设,i 是列表的索引值,n 是列表项目数,如图 9-127 所示。

⑤ 根据坐标点拟合直线求解方程(有兴趣者可网上学习相关数学知识),通过电压和电流的实验值和坐标的映射,绘出最合理的拟合直线,从直线在纵轴上的截距和斜率读出电池的电动势和内阻的值,如图 9-128 和图 9-129 所示。

图 9-126　调用"直线拟合"函数

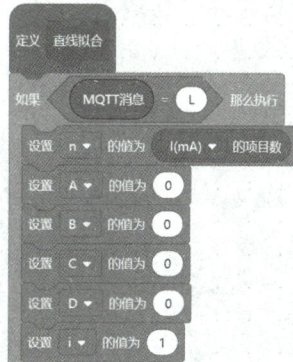

图 9-127　新建函数和变量并赋值

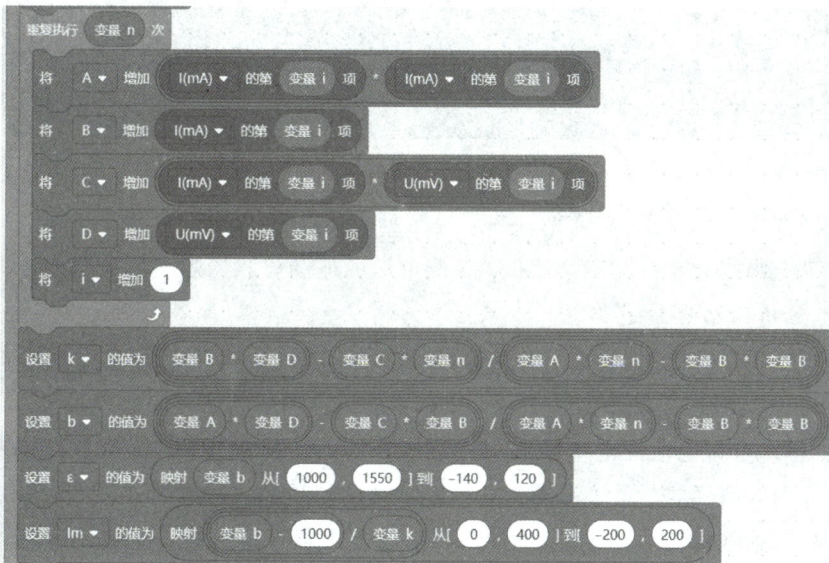

图 9-128　求解斜率和截距

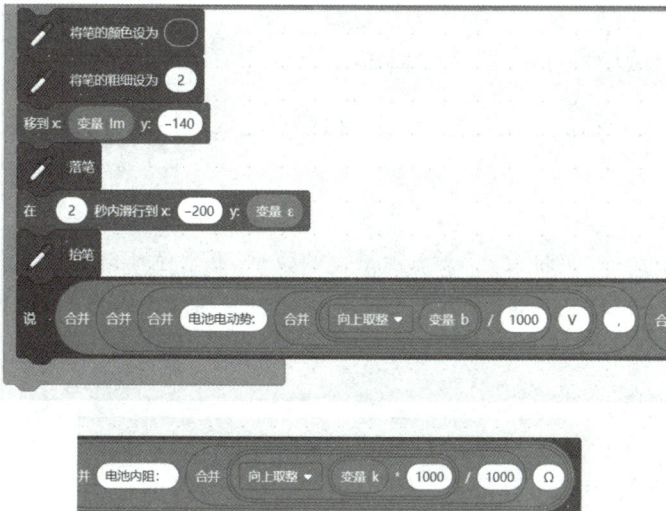

图 9-129　画直线输出实验结果

4. 运行程序并观察效果

运行程序效果如图 9-130 所示。

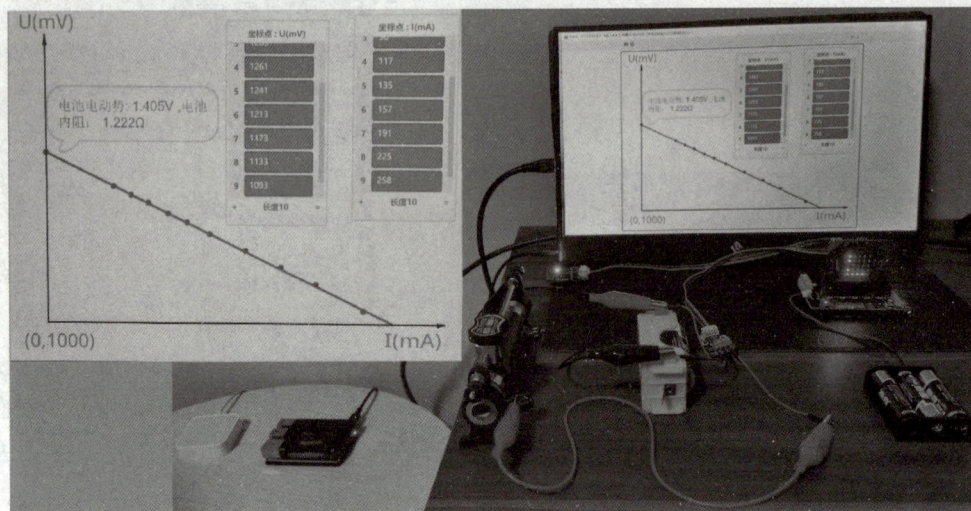

图 9-130　实验数据与效果图

本案例完整程序见资源包"案例 9-7 采集数据发送指令.sb3""案例 9-7 测电池的电动势和内阻实时描点画线显示.sb3"和"案例 9-7 测电池的电动势和内阻实验数据上传.sb3"。

5. 误差分析与数据处理方法

本实验可作为探究性实验,也可作为验证性实验。根据 $U=E-Ir$ 的理论可知,U-I 曲线是一条斜率为 r、截距为 E 的直线。所以,只要通过实验中的数据点的合理采集以及坐标轴的合理设置,就可以求得电池的电动势 E 和内阻 r。实验中人为因素产生的偶然误差主要由于采集数据指令的时机不好;系统误差主要产生于功率计精度。数据的处理方法采用了实时显示的列表、描点、连线的经典图像显示方法,与常规方法所不同的是,这些动作都是在人的控制下计算机自动完成的,减小了误差、节约了时间。当然也可以采用从列表中导出数据到 Excel 中进行处理,方法见第 6 章的案例 6-2 或第 7 章的案例 7-7。

案例 9-8　描绘小灯泡伏安特性曲线

任务:通过实验数据的采集和分析,显示出小灯泡伏安特性曲线和不同电压下的功率。

1. 算法分析

(1) 采用两个 Micro:bit 主控板,一个负责采集数据上传物联网,另一个发送采集指令。计算机上运行 Mind+ 的"实时模式"下显示采集的数据,并显示小灯泡在不同电压下的功率。

(2) 需要搭建 SIoT 服务器,详见本书第 8 章 8.5 节和前言中二维码在树莓派部署自启动 SIoT1.3 的资料。

2. 实验器材

(1) 实验装置如图 9-131 所示。

(2) 实验器材列表如表 9-8 所示。

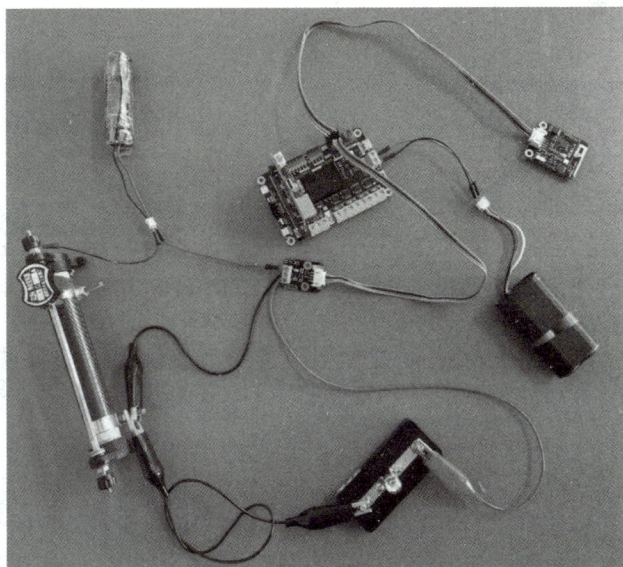

图 9-131　实验装置

表 9-8　实验器材列表

Micro:bit 主控板两块	虾米扩展板一块	电源 7.4V 和 3.7V 锂电池各一个
可测电压和电流的功率计	滑动变阻器	小灯泡和灯座
用树莓派搭建的 SIoT 物联网服务器		

（3）电路连接如图 9-132 所示。

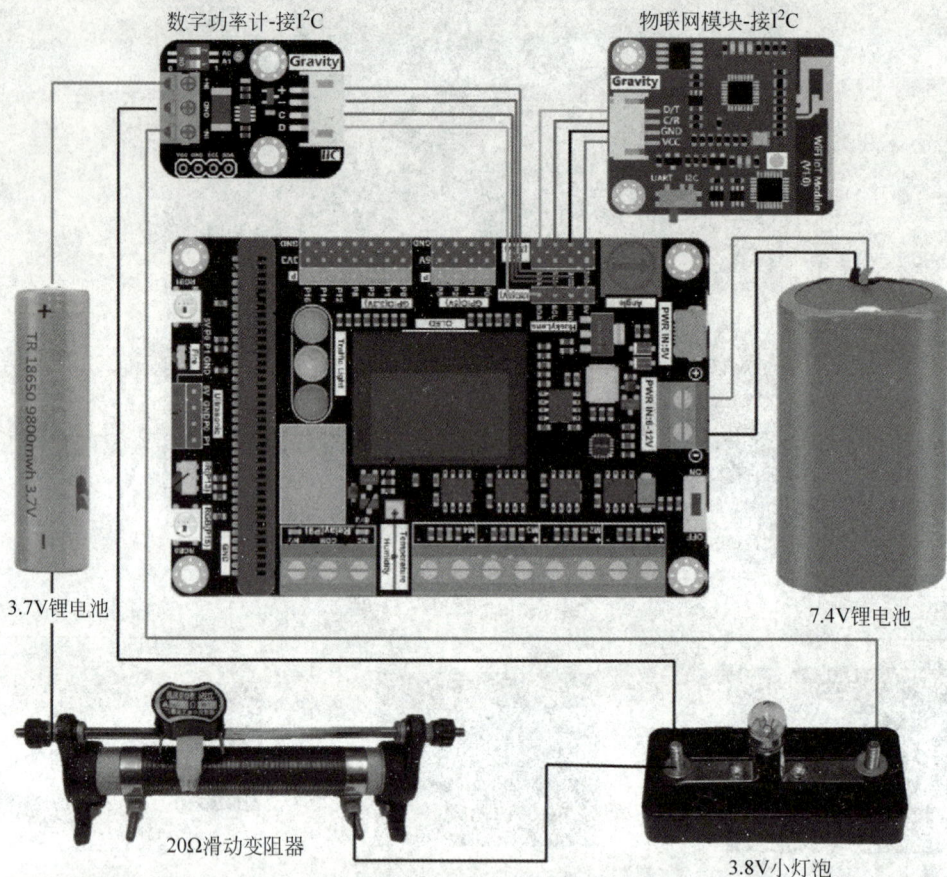

数字功率计-接I²C　　　　物联网模块-接I²C

3.7V锂电池　　　　　　　　7.4V锂电池

20Ω滑动变阻器　　　　3.8V小灯泡

图 9-132　实验器材电路连接

3. 程序设计

1）第一块 Micro：bit 板上程序

同案例 9-7 的第一块 Micro：bit 板，不再重述。

2）第二块 Micro：bit 板上程序

（1）在"上传模式"下单击左下角的"扩展"，选择主控板、扩展板和通信模块的 OBLOQ 物联网模块，单击"返回"（与案例 9-7 相同）。

（2）加载 I²C 数字功率计用户库（与案例 9-7 相同）。

（3）打开无线通信，初始化物联网参数设置（注意：增加了 Topic_3：yh1006/P），对功率计初始化并进行校对，如图 9-133 所示。

（4）当收到第一块板发送的采集数据的指令时，程序如图 9-134 所示。

当收到无线数据＝A 时，Micro：bit 显示笑脸，并采集路端电压 U、回路电流 I 和小灯泡功率的值，上传物联网。上传完毕 Micro：bit 显示对钩。当收到无线数据＝B 时，向 Topic_2 发送"L"信息，Micro：bit 显示 L，表示完成了实验数据的采集上传，实时显示实验结果。将滑动变阻器滑回阻值最大的位置，准备重新开始实验。

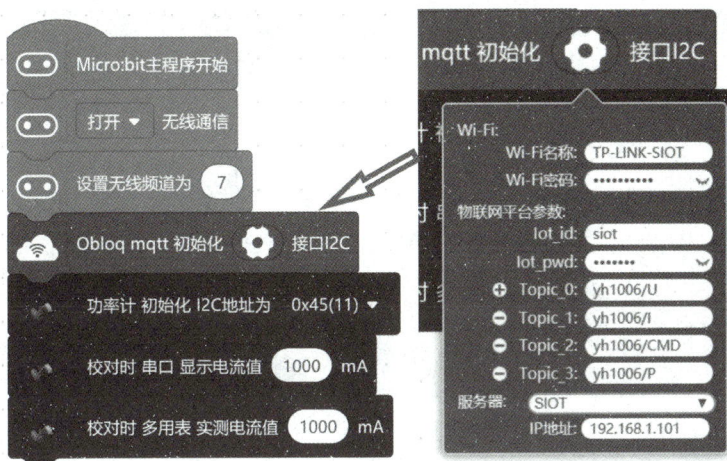

图 9-133 物联网参数设置

图 9-134 采集数据上传物联网

3）展示数据处理的计算机上程序

（1）在"实时模式"下单击左下角的"扩展"，加载"功能模块"的"画笔"功能和"网络服务"的 MOTT，单击"返回"（与案例 9-7 相同）。

（2）选择方格背景，新建 3 个角色（坐标、坐标点、U-I），如图 9-135 所示。

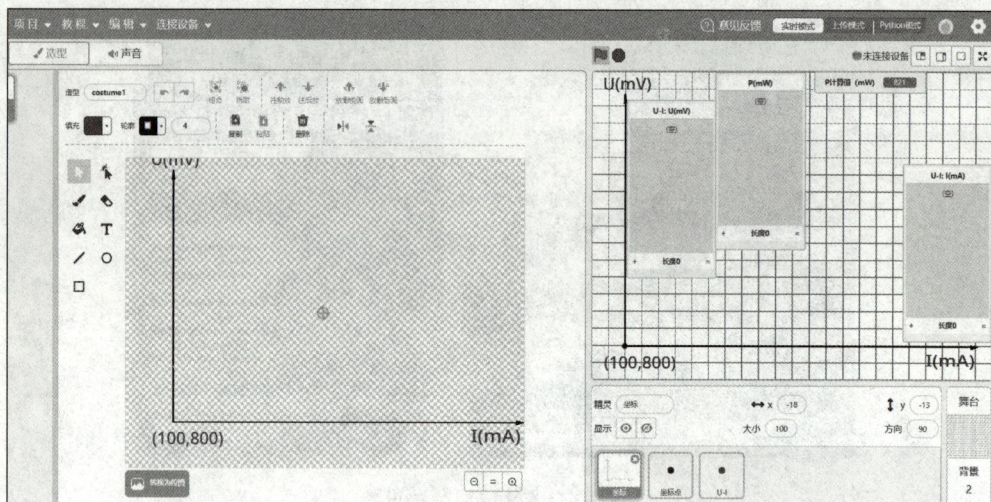

图 9-135　选背景、画角色（注意坐标原点的值与上例不同）

（3）为角色"坐标点"（蓝点）设计程序。

① 初始化物联网 SIoT，坐标点归位，如图 9-136 所示。

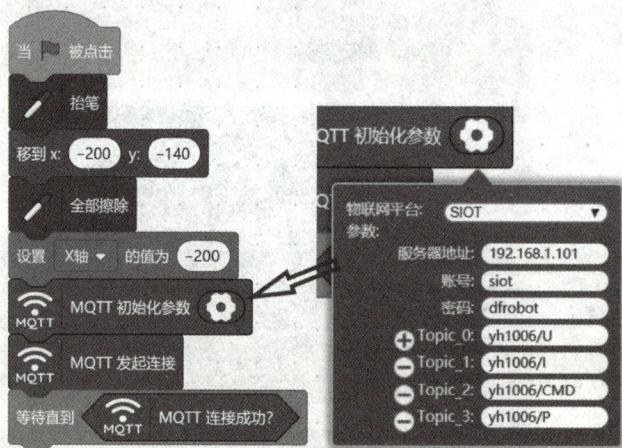

图 9-136　物联网平台参数设置（与图 9-133 参数设置相同）

② Topic_0 收到的是坐标点电压值。由于本实验电压的变化范围在 800～4200mV 之间，映射到舞台区的纵坐标区间是 -140～120，其中变量 u 表示实测的电压值（单位：mV），变量"Y 轴"表示映射的坐标值，如图 9-137 所示。

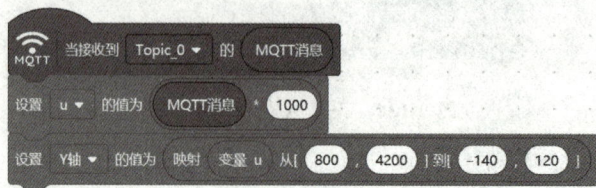

图 9-137　为电压映射坐标值

③ Topic_1 收到的是坐标点电流值。由于本实验电流的变化范围在 100～300mA 之间，映射到舞台区的横坐标区间是 -200～200，其中变量 I 表示实测的电压值（单位：mA），变量

"X 轴"表示映射的坐标值,如图 9-138 所示。

④ Topic_2 收到 MQTT 消息是"OK"时,在对应的舞台区描上坐标点,并通过广播使 U-I 列表记录实测值。如果 X 轴超出 200,坐标点归位,如图 9-139 所示。

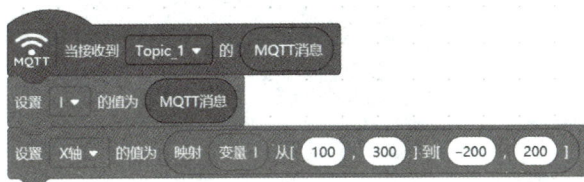

图 9-138 为电流映射坐标值

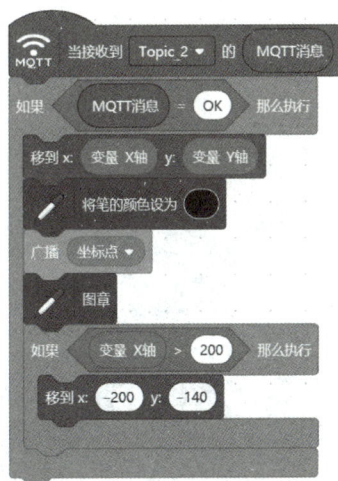

图 9-139 描点、广播

⑤ Topic_3 收到 MQTT 消息是小灯泡的实测功率值,如图 9-140 所示。

(4) 为角色"U-I"(红点)设计程序。

① 新建 U(mV)、I(mA)、X、Y、P(mW)这 5 个列表,角色归位,删除列表全部内容,新建 p、n 两个变量,分别表示功率和列表最大项目数,并赋初值 0。擦除全部画笔痕迹,如图 9-141 所示。

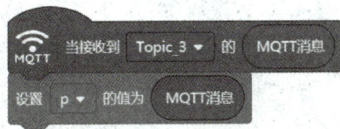

图 9-140 给功率 P 赋值

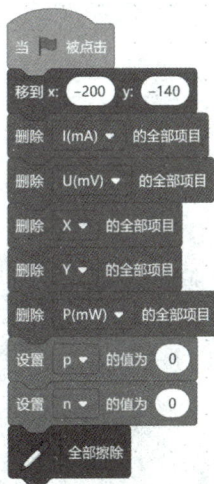

图 9-141 "红点"初始化并清空各列表

② 当收到"坐标点"广播时,将实验数据填入 U(mV)、I(mA)、X、Y、P(mW)列表中,并把实测电压和电流的乘积赋值给变量"P 计算(mW)",如图 9-142 所示。

③ Topic_2 收到 MQTT 消息＝L 时,依次连接各个坐标点,完成小灯泡伏安曲线的绘制,并在舞台上显示实测的电压、电流和功率值,如图 9-143 所示。

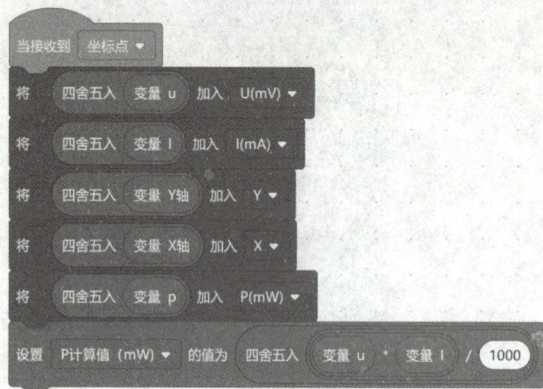

图 9-142　收到广播添加各列表项

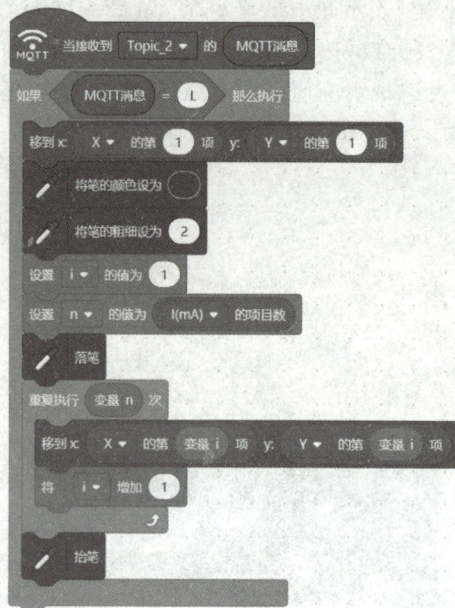

图 9-143　绘制伏安特性曲线

4. 运行程序并观察效果

运行程序效果如图 9-144 所示。

本案例完整程序见资源包"案例 9-8 数据采集发送指令.sb3""案例 9-8 描绘小灯泡伏安特性曲线实验数据上传.sb3"和"案例 9-8 描绘小灯泡伏安特性曲线实验实时描点画线显示 3.sb3"。

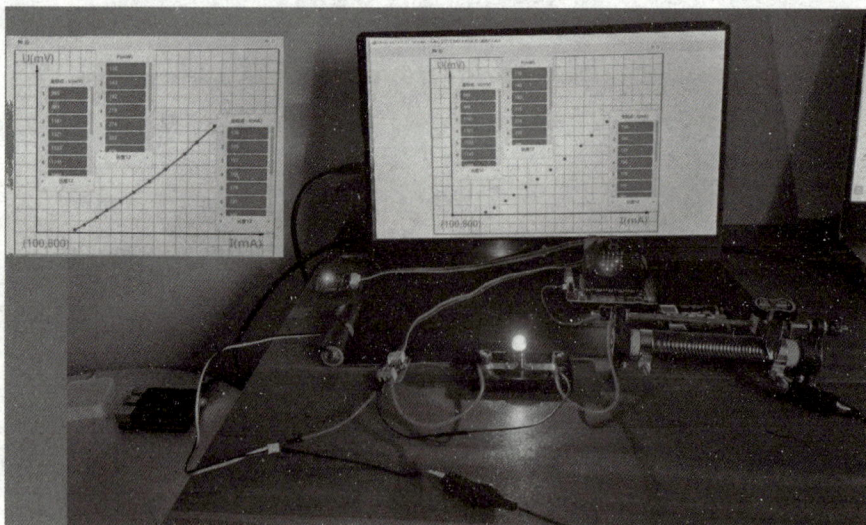

图 9-144　实验数据与效果

5. 误差分析与数据处理方法

本实验可作为探究性实验或验证性实验。根据 $P=UI$ 和 $P=I^2R$ 可知,随着电流的增大,电阻增大,灯泡变亮,功率变大;因此 U-I 图像将是一条弯曲向上的曲线。所以,只要通过实验中数据点的合理采集,再通过坐标轴的合理设置和程序的正确设计,就可以描绘小灯泡的伏安特性曲线。实验中偶然误差主要是发出采集数据指令的时机;系统误差主要产生于功率计精度。数据的处理方法采用了实时显示的列表、描点、连线的经典图像显示的方法,与常规方法所不同的是,这些动作都是在人的控制下,计算机自动完成的,减小了误差、节约了时间。当然也可以采用从列表中导出数据到 Excel 中进行处理,方法见第 6 章的案例 6-2 或第 7 章的案例 7-7。